人工智能与大数据系列

深度学习入门

基于PyTorch和TensorFlow的理论与实现

红色石头◎著

清华大学出版社

北 京

内容简介

本书是一本系统介绍深度学习基础知识和理论原理的入门书籍。本书从神经网络的基本结构入手，详细推导了前向传播与反向传播的数学公式和理论支持，详细介绍了如今各种优化神经网络的梯度优化算法和正则化技巧，给出了在实际应用中的超参数调试和网络训练的技巧。同时，也介绍了典型的卷积神经网络（CNN）和循环神经网络（RNN）。除了介绍理论基础外，本书以 Python 为基础，详细介绍了如今主流的深度学习框架 PyTorch 和 TensorFlow，并分别使用这两种框架来构建相应的项目，帮助读者从理论和实践中提高自己的深度学习知识水平。

本书适合深度学习初学者、对深度学习感兴趣的在校大学生和有意向转行 AI 领域的 IT 从业人员，也可作为相关专业读者的参考工具手册。

图书在版编目（CIP）数据

深度学习入门：基于 PyTorch 和 TensorFlow 的理论与实现 /红色石头著. —北京：清华大学出版社，2020.1（2023.2重印）

（人工智能与大数据系列）

ISBN 978-7-302-53960-5

Ⅰ. ①深…　Ⅱ. ①红…　Ⅲ. ①机器学习　Ⅳ. ①TP181

中国版本图书馆 CIP 数据核字（2019）第 219763 号

责任编辑：张　敏
封面设计：杨玉兰
责任校对：徐俊伟
责任印制：沈　露

出版发行：清华大学出版社
　　　　　网　　　址：http://www.tup.com.cn, http://www.wqbook.com
　　　　　地　　　址：北京清华大学学研大厦 A 座　　　　　邮　　编：100084
　　　　　社 总 机：010-83470000　　　　　　　　　　　邮　　购：010-62786544
　　　　　投稿与读者服务：010-62776969, c-service@tup.tsinghua.edu.cn
　　　　　质量反馈：010-62772015, zhiliang@tup.tsinghua.edu.cn
印 装 者：天津鑫丰华印务有限公司
经　　销：全国新华书店
开　　本：186mm×240mm　　　印　　张：12.75　　　字　　数：268 千字
版　　次：2020 年 1 月第 1 版　　　印　　次：2023 年 2 月第 2 次印刷
定　　价：69.00 元

产品编号：082949-01

19 世纪 70 年代，电力的发明和应用掀起了第二次工业化高潮，从此改变了人们的生活方式，大大提高了人类的科技水平。现如今，深度学习技术也正在发挥同样的作用。近年来，深度学习技术的发展非常迅速，表现出强劲的发展势头。毫无疑问，深度学习技术正在影响我们的日常生活和行为方式。

深度学习怎么学

深度学习怎么学？事实上，很多初学者常常有两大误区：一是找不到一本真正适合自己的教材或书本来学习，陷入海量资源中手足无措；二是受制于数学理论知识的匮乏，自认为数学基础不好而影响学习的主动性和积极性。

这两大误区很容易让初学者陷入迷茫的状态。所以，第一步就是放弃海量资源。选择一份真正适合自己的资料，好好研读；第二步就是重视实践。深度学习涉及的理论知识很多，有些人可能基础不是特别扎实，就想从最底层的知识开始学起，如概率论、线性代数、凸优化理论等，但是这样做比较耗时间，而且容易减弱学习的积极性。啃书本和推导公式相对来说是比较枯燥的，远不如自己搭建一个简单的神经网络模型更能激发学习的积极性。当然，基础理论知识非常重要，只是在入门的时候，最好先从顶层框架上有个系统的认识，然后再从实践到理论，有的放矢地补充深度学习的知识点。从宏观到微观，从整体到细节，更有利于快速入门！

为什么写这本书

在学习深度学习的几年时间里，我学习过一些国内外优秀的深度学习公开课程，这些课程口碑都很好；我也看过不少优秀老师写的高质量书籍，收获颇丰；我也在学习的过程中走过一些弯路，这些都是宝贵的经验。

我个人觉得，任何前沿技术，如深度学习，扎实的基础知识非常重要，而最好的基础知识的获取方式还是教材和书本。反观现在一些深度学习方面的书籍，或多或少存在以下问题：

（1）数学理论太多，公式多，起点高，对初学者不友善，容易削弱初学者学习的积极性。

（2）只讲深度学习框架，介绍如何调包、调用库函数，不讲深度学习的理论知识。容易造成初学者对深度学习技术的一知半解，沦为"调包侠"。

（3）理论与实战脱节，过于侧重理论或者过于侧重实战，两者之间没有很好的融合。

基于以上问题，我认为写一本真正适合深度学习初学者的入门书籍非常必要。这本书籍不仅要兼顾理论和实战，还应该将重点和难点知识通俗化、全面、细致地讲解。知识的难度呈阶梯性，照顾不同水平的读者。这样的书籍才能最大限度地让读者受益。

基于这样的考虑，《深度学习入门：基于 PyTorch 和 TensorFlow 的理论与实现》与大家见面了。

全书共 9 章，主要内容如下：

第 1~3 章，主要对深度学习进行简要概述，列举重要的 Python 基础知识，如何搭建开发环境，以及 TensorFlow 和 PyTorch 的精炼教程等内容。

第 4~7 章，主要介绍神经网络的基础知识，以感知机入手，到简单的两层神经网络，详细推导正向传播与反向梯度的算法理论，然后介绍深层神经网络，并重点介绍神经网络优化算法及构建神经网络模型的实用建议。

第 8~9 章，主要介绍卷积神经网络（CNN）和循环神经网络（RNN）的基本结构，重点剖析两种模型的数学原理和推导过程。

本书特色

对于初学者而言，一本好的深度学习书籍能够让读者轻轻松松地掌握基础知识并触类旁通。本书作为一本深度学习的入门书籍，对初学者是非常友好的。本书的内容来自我多年的知识积累和技术沉淀，也是我的深度学习经验总结。

首先，这本书包含了 Python 的基本介绍。Python 作为人工智能的首选语言，其重要性不言而喻。Python 入门非常简单。本书将对深度学习技术所需的基本 Python 语法知识进行简明扼要的提炼和概括。如果有的读者之前没有接触过 Python，那么本书将带你轻松入门。

其次，这本书介绍了当今主流的深度学习框架 PyTorch 和 TensorFlow。通过本书，读者可以系统地学习这两个框架的基本语法和基础知识，夯实基础。如果之前对 PyTorch 和 TensorFlow 不了解也没有关系，这本书也可以作为这两个框架的知识学习手册。

最重要的，这是一本关于深度学习的入门教程。我在编写本书的时候，从"小白"的视角出发，结合多年的知识积累和经验总结，尽量将深度学习、神经网络的理论知识用通俗易懂的语言描绘出来。这本书能让读者真正了解、熟悉神经网络的结构和优化方法，也能帮助读者梳理一些容易被忽视的技术细节。例如最简单的梯度下降算法，它的公式来源和理论支持是什么？本书会给出详细的解释。

值得注意的是，我一贯坚持将复杂的理论简单化，本书会将理论以通俗的语言描述清楚，不深陷于数学公式之中。本书面向深度学习的入门者和初学者，不会涉及太多、太复杂的理论知识。因为入门深度学习，前期整体上的感性认识尤为重要。先轻松入门再深入了解，往往是比较正确的学习路线。我在编写本书的时候，也一直以此为原则。如果想要学习更深层次、更高级的深度学习知识，读者可以查阅更多的书籍、论文、会议资料等。

除此之外，深度学习更重要的是代码实践。本书的另一个优势就是不仅讲理论知识，也配备了完整的实际项目代码。从简单的逻辑回归，到浅层神经网络、深层神经网络，再到卷积神经网络、循环神经网络，都会以一个实际项目为例从零搭建神经网络，并使用 PyTorch、TensorFlow 来构建更复杂的模型解决问题。

本书所有代码，读者可关注微信公众号"AI 有道"回复"源码"即可获取。

面向的读者

这是一本深度学习的入门书籍，也是一本关于 Python、PyTorch、TensorFlow 的工具手册；这是一本深度学习的理论书籍，也是一本教你如何编写代码构建神经网络的实战手册。我希望本书能够帮助更多想要入门深度学习的爱好者扫清学习过程中的障碍，并对深度学习的了解再上新台阶。

本书面向的读者包括深度学习初学者、对深度学习感兴趣的在校大学生、有意向转行人工智能领域的 IT 从业人员。

本书是一本不错的深度学习工具手册，其中不仅有理论知识，也有示例代码。值得一提的是，如果你在深度学习领域已经有了一定的造诣，那么可能本书不太适合你，你应该更多地关注深度学习的前沿理论。

Contents 目录

## 第 1 章

深度学习基础

1.1　深度学习概述

深度学习（Deep Learning，DL）——一项近几年来被推至互联网风口的人工智能（Artificial Intelligence，AI）前沿技术。什么是深度学习？深度学习的应用场景有哪些？深度学习为什么会在近几年内得到迅速发展，它的发展动力是什么？深度学习的未来又将如何？本章，我们将带着这四个问题，对深度学习做简要的介绍。

1.1.1　什么是深度学习

深度学习是机器学习（Machine Learning，ML）的一个分支和延伸，是人工智能领域的前沿技术。图 1-1 很好地诠释了人工智能、机器学习、深度学习三者之间的关系。

图 1-1　人工智能、机器学习、深度学习三者之间的关系

从图 1-1 中可以看出，人工智能包含机器学习，而机器学习又包含深度学习。人工智能是指拥有人的智能，能以与人类智能相似的方式做出反应的智能机器。该领域的研究内容包括机器人、语言识别、图像识别、自然语言处理和专家系统等。人工智能是一个非常宽泛的概念，而机器学习是一种实现人工智能的方法，是人工智能的子集。机器学习可以被定义为从数据中总

结经验，从数据中找出某种规律或者模型，并利用这些经验、规律或者模型来解决实际问题。机器学习算法主要包括决策树、聚类、贝叶斯分类、支持向量机、随机森林等。按照学习方法的不同进行划分，机器学习算法可以分为监督学习、无监督学习、半监督学习、集成学习、深度学习和强化学习。

深度学习是机器学习的一个分支，是一种实现机器学习的技术。深度学习本来并不是一种独立的学习方法，但由于近几年该技术发展迅猛，一些特有的学习手段和模型相继出现，因此越来越多的人将其单独看作一种学习的方法。深度学习的概念源于对人工神经网络（Artificial Neural Network，ANN）的研究，其动机在于建立、模拟人脑进行分析学习的神经网络，模仿人脑的机制来解释图像、声音和文本等数据。

神经网络是一种模仿动物神经网络行为特征，进行分布式并行信息处理的算法数学模型，是深度学习最核心、最重要的结构。常见的神经网络，也是本书重点介绍的神经网络主要有三种：前馈神经网络（Feedforward Neural Network，FNN）、卷积神经网络（Convolutional Neural Network，CNN）和循环神经网络（Recurrent Neural Network，RNN）。

前馈神经网络是一种最简单的神经网络，各神经元分层排列，每个神经元只与前一层的神经元相连，接收前一层的输出，并输出给下一层。卷积神经网络是一类包含卷积计算且具有深度结构的前馈神经网络，被大量应用于计算机视觉（Computer Vision，CV）、自然语言处理等领域。循环神经网络是一类以序列数据为输入，在序列的演进方向进行递归且所有节点按链式连接的递归神经网络。在自然语言处理（Natural Language Processing，NLP）（如语音识别、语言建模、机器翻译等）领域有重要应用，也被用于各类时间序列预报或与卷积神经网络相结合处理计算机视觉问题。

图 1-2 展示了常见神经网络的基本结构。

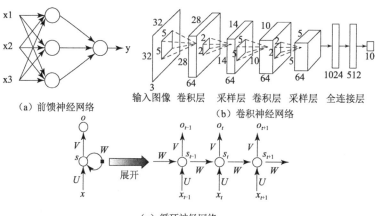

（a）前馈神经网络　　　　　　　　（b）卷积神经网络

（c）循环神经网络

图 1-2　常见神经网络的基本结构

前馈神经网络、卷积神经网络和循环神经网络的具体内容将在本书的后续章节中详细介绍，此处不再赘述。

1.1.2　深度学习的应用场景

如今，深度学习的应用场景非常广泛，尤其在计算机视觉和自然语言处理领域，深度学习发挥了巨大的作用，其表现远远超过了传统机器学习算法。

在计算机视觉领域，深度学习的典型应用包括目标识别、目标检测与跟踪、物体分割、内容理解等。以目标识别为例，ILSVRC（ImageNet Large Scale Visual Recognition Challenge）是近年来机器视觉领域最受追捧，也是最具权威的图像识别学术竞赛之一，代表了图像识别领域的最高水平。在 2012 年以前，卷积神经网络还未盛行，ILSVRC 图像分类最好的成绩是 26% 的错误率。2012 年，卷积神经网络的经典模型 AlexNet 的出现直接使错误率降低了近 10 个百分点，将错误率降到 16%。这是之前所有机器学习模型无法做到的。2015 年，深度残差网络 ResNet 的出现竟然将错误率降低至 3.57%，这甚至比人类肉眼识别的准确率还高。如图 1-3 所示，深度学习模型，尤其是各种卷积神经网络模型在错误率方面不断刷新纪录，与传统机器学习算法模型相比，性能有质的提升。

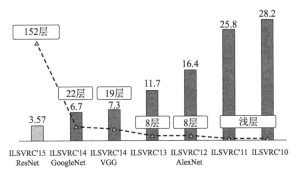

图 1-3　历届 ILSVRC 比赛代表性模型的成绩

除了计算机视觉领域，深度学习在自然语言处理领域也有广泛应用，并取得了前所未有的成绩，典型应用包括语音识别、机器翻译、文本分类、对话系统等。以谷歌翻译为例，2016 年 9 月，谷歌推出了新型的翻译系统——GNMT（Google Neural Machine Translation），克服了以往翻译系统逐字翻译的弊端，从整体上分析句子，从而大幅提高了机器翻译的质量。谷歌表示，在某些情况下，GNMT 系统翻译的准确度能够接近人类的翻译水平。

除此之外，深度学习还在自动驾驶、推荐系统、医疗、金融、农业等很多领域都有广泛应用并取得了巨大进展。

1.1.3 深度学习的发展动力

神经网络并不是一个新鲜事物，早在 20 世纪 50 年代末就已经被提出来，为什么以神经网络为核心的深度学习直到近几年才得到如此迅速的发展呢？究其原因，主要包括以下三个方面。

第一，大数据的涌现。如今，人类处于信息时代、大数据时代，每天获取和传递的信息量是庞大的。根据统计，到 2020 年，全球数据总量将达到 40 000EB。数量庞大的数据中蕴藏着非常重要的信息和价值，但只有不到三分之一的信息可以直接被科学家们使用，大部分数据不能被直接利用。此时，深度学习的强大之处得以体现。由于深度学习模型比较复杂，对大数据的处理和分析非常有效，所以，近些年来，在处理海量数据和建立复杂、准确的学习模型方面，深度学习有着非常不错的表现。与机器学习一样，深度学习也是基于数据的学习，数据量越大，训练的模型就越准确。因此，大数据为深度学习的发展打下了坚实的基础。

第二，计算机硬件水平提高。深度学习的模型非常复杂，以前受计算机硬件水平所限，难以完成复杂的神经网络模型的训练，这就严重限制了深度学习的发展。如今，计算机硬件水平大大提高，处理速度大大提升，加上图形处理器的出现为神经网络的训练提供了极大的便利，使复杂神经网络的训练和优化变得可行。例如，原来需要训练一个星期的模型，现在只需要 10 分钟就训练完成了。这大大加速了深度学习的发展。

第三，算法的改进。神经网络模型复杂，网络层数很多，想要训练好绝非易事。而且训练深层神经网络很容易出现梯度消失和梯度爆炸，还有神经网络中激活函数的选择等问题和困难，这些都限制了深度学习的进一步发展。如今，算法的创新和改进正在逐渐消除这些问题，让神经网络更容易训练成功。除此之外，还产生了许多新的更复杂、更强大的神经网络模型，能让深度学习模型处理更复杂、更难的任务，极大地促进了深度学习的进一步发展。

1.1.4 深度学习的未来

近几年来，不断涌现新的深度学习技术和应用场景，并在逐渐改变人类的生活。可以预见，深度学习的未来充满了无限的可能和广阔的应用前景。

例如，深度学习将有望使近些年的研究热点——自动驾驶，真正应用到实际中。深度学习是如何应用于自动驾驶的呢？自动驾驶需要汽车像人的大脑一样来辨识汽车前出现的事物并做出决策。深度学习网络就相当于人的大脑，利用安装在汽车前的摄像头进行图像采集，并通过复杂的神经网络来提取图像的特征，通过模型计算得出几个输出量，如加速、减速、刹车、方向盘的角度等信息，并最终做出决策，实现正确的驾驶行为。虽然现在自动驾驶技术还没有完全投入应用，但是相信在不远的将来，深度学习技术将会给自动驾驶带来无穷的发展动力。

　　毫无疑问，深度学习会给人类带来更多新鲜的技术和炫酷的应用，将彻底改变人类的生活方式，提高人类的生活水平。

1.2　Python 入门

　　简单、高效、易入门的特点，让 Python 成了最好用的编程语言之一。毫无疑问，Python 已经成为人工智能从业者的首选编程语言。本书将介绍和使用的深度学习框架 PyTorch、TensorFlow 都可以看成用于深度学习的 Python 库函数。

　　本节将简单介绍 Python 的入门知识，包括 Python 的基本语法和 Python 常用的库 Numpy、Matplotlib 等。如果你已经掌握了这些 Python 入门知识，可以跳过本节，直接阅读后面的章节。

1.2.1　Python 简介

　　Python 是什么？跟 C/C++、Java 一样，Python 是一门编程语言。它是著名的"龟叔"Guido van Rossum 在 1989 年圣诞节期间，为了打发无聊的圣诞节而编写的编程语言。虽然 Python 的诞生距今只有 30 年，但是它的受欢迎程度却日益高涨，得到广大程序员们的青睐。在 2019 年 3 月公布的 TIOBE 编程语言排行榜上，Python 的受欢迎程度已经上升至第 3 位，仅次于 Java 和 C。图 1-4 展示了受欢迎程度排名前 10 的编程语言在 2018 年和 2019 年的排名。

2019年8月排名	2018年8月排名	排名变化情况	编程语言
1	1		Java
2	2		C
3	4	↑	Python
4	3	↓	C++
5	6	↑	C#
6	5	↓	Visual Basic .NET
7	8	↑	JavaScript
8	7	↓	PHP
9	14	↑	Objective-C
10	9	↓	SQL

图 1-4　受欢迎程度排名前 10 的编程语言在 2018 年和 2019 年的排名

　　为什么 Python 能获得如此迅速的发展？为什么 Python 能成为人工智能从业者的首选编程语言？主要原因在于以下四个方面。

（1）Python 简单、高效、易入门，它的设计初衷就是优雅、明确、简单。

（2）人工智能的核心计算部分的底层都是由 C 语言编写的，上层逻辑都是由 Python 实现。使用 Python 能极大地提高开发效率，实现快速开发。

（3）Python 具有丰富而强大的库，俗称"胶水语言"。

（4）Python 应用领域广泛，不仅可以支持航天航空系统开发，还可以支持小游戏开发，几乎无所不能。

总之，Python 以其独特而显著的优势当之无愧地成为人工智能从业者的首选编程语言之一。

1.2.2　Python 的安装

安装 Python 时，可以选择单独安装 Python，也可以选择安装 Python 的发行版。安装 Python 的发行版会方便很多，因为发行版集成了许多 Python 库，省去了一个个安装的麻烦。因此，本书推荐直接安装 Python 的发行版。

Anaconda 是 Python 的一个发行版，它把 Python 数据分析所需要的包都集成在了一起，其中包含了上百个与数据分析相关的开源包，如 Numpy、Matplotlib 等。Anaconda 还包含功能强大的工具——Jupyter Notebook。总之，安装 Anaconda 可以节省大量下载模块包的时间，操作更加方便。

安装 Anaconda 非常简单，首先在其官网上下载最新的版本。Anaconda 提供了 Windows、Mac OS、Linux 不同操作系统的安装文件，可根据个人的计算机系统进行选择。Python 有 Python 2.x 和 Python 3.x 两个版本，安装的时候应选择 Python 3.x，按照提示进行安装即可。以 Windows 操作系统为例，安装完成之后，需要将 Anaconda 添加到系统的环境变量中。添加环境变量之后，打开命令行窗口，输入 python，按回车键就可以启动 Python 解释器，显示如下：

```
>python
Python 3.7.1 (default, Dec 10 2018, 22:54:23) [MSC v.1915 64 bit (AMD64)] :: Anaconda,
Inc. on win32
Type "help", "copyright", "credits" or "license" for more information.
>>>
```

现在，Anaconda 的安装已经完成了，而且已经启动 Python 解释器，可以在 Python 解释器里编写和运行代码。Anaconda 的功能非常强大，包含了许多工具和包，便于编写 Python 程序。这部分内容将在 1.3 节进行介绍。

1.2.3　Python 基础知识

打开 Python 解释器，当我们在 Python 解释器中输入一行语句的时候，解释器就会执行该语句并做出回应，这是典型的交互式编程。本小节介绍的所有代码都将在 Python 解释器中编写。

1. 数据类型

在 Python 中，常用的数据类型包括整数（int）、浮点数（float）、字符串（str）、布尔值（bool）等。Python 中，可以使用 type() 函数来查看数据类型，如下所示：

```
>>> type(2)
<class 'int'>
>>> type(2.3)
<class 'float'>
>>> type('python')
<class 'str'>
>>> type(True)
<class 'bool'>
>>> type(False)
<class 'bool'>
```

显然，2 是 int 类型，2.3 是 float 类型，'python' 是 str 类型，True 和 False 是 bool 类型。

2. 数学运算

加、减、乘、除数学运算可以使用下列语句实现：

```
>>> 1 + 2
3
>>> 1 - 2
-1
>>> 1 * 2
2
>>> 1 / 2
0.5
```

3. 变量

变量就是代表（或者引用）某值的名字。变量名必须是大小写英文字母、数字和_的组合，且不能以数字开头。可以对变量赋值，也可以对变量进行计算。

```
>>> x = 1          # 赋值
>>> x = 1.5        # 再次赋值
>>> y = 2.5
>>> x + y          # 计算
4.0
```

上面的语句中，分别对变量 x 和变量 y 赋值，并对两个变量进行计算。其中，"#" 是注释的意思。Python 是动态语言，所谓动态，是指可以把任意数据类型赋值给变量，同一个变量可以反复赋值，而且可以是不同类型的变量。与动态语言对应的是静态语言。所谓静态，是指在定义变量时必须指定变量类型，如果赋值的时候类型不匹配，就会报错。可见，与静态语言相比，动态语言更灵活。

4. 列表

列表是 Python 内置的一种数据类型。列表是一种有序的集合，可以随时添加和删除其中的元素。同一列表中的元素可以是不同的数据类型。

```
>>> a = [1, 2, 3, 'python']
>>> print(a)
[1, 2, 3, 'python']
>>> a[0]
1
>>> a[-1] = 4    # 最后一个元素赋值 4
>>> print(a)
[1, 2, 3, 4]
```

列表中元素的索引是从 0 开始的，a[0]代表列表 a 索引为 0 的元素，即 1。索引-1 表示列表的倒数第一个元素，以此类推，索引-2 表示列表的倒数第二个元素，等等。还可以对列表中的任意元素重新赋值。

可以对列表进行切片操作，使用切片不仅可以访问某个值，还可以访问部分列表。

```
>>> a = [1, 2, 3, 4]
>>> a[0:1]        # 包含的索引：0
[1]
>>> a[0:3]        # 包含的索引：0、1、2
[1, 2, 3]
>>> a[:-1]        # 包含的索引：0、1、2
[1, 2, 3]
>>> a[1:]         # 包含的索引：1、2、3
[2, 3, 4]
```

对列表进行切片操作，需要写成类似 a[0:1]的形式。冒号左边是起始索引，包含在切片内；冒号右边是结束索引，不包含在切片内。例如，切片 a[0:1]仅包含 a[0]元素，不包含 a[1]元素。如果冒号左边的起始索引为空，则默认从 0 开始；如果冒号右边的结束索引为空，则默认到列表的最后一个元素为止。

5. 字典

Python 中的字典是由多个键及相对应的值构成的对组成。以《新华字典》为例，汉字可以比作键，释义可以比作值。

```
>>> user = {'name': 'Will'}     # 生成字典
>>> user['name']                # 访问元素
'Will'
>>> user['age'] = 29            # 添加新元素
>>> user
{'name': 'Will', 'age': 29}
```

注意，字典中的键是唯一的，而值并不唯一。

6. if 语句

Python 中，可以使用 if 语句进行条件判断。

```
>>> busy = True
>>> if busy:
...     print('He is busy now')
...
He is busy now
```

根据 Python 的缩进规则，如果 if 语句判断为真，则执行下面缩进的 print 语句，否则什么也不做。注意，Python 使用空白字符表示缩进，每缩进一次，使用 4 个空白字符。

也可以在 if 语句之后添加一个 else 语句，如果 if 语句判断为假，则不执行 if 语句的内容，而执行 else 语句的内容。注意，if 语句和 else 语句后面都需要加上冒号。

```
>>> busy = False
>>> if busy:
...     print('He is busy now')
... else:
...     print('He is not busy now')
...
He is not busy now
```

7. for 循环

Python 中，可以使用 for... in...的语句结构进行循环处理。in 后面可以是列表，也可以是 Python 的内置函数 range()。range()函数可以创建一个整数列表。

```
>>> for i in [0,1,2]:
...     print(i)
...
0
1
2
>>> for i in range(3):
...     print(i)
...
0
1
2
```

8. 函数

Python 中，可以使用关键字 def 来定义函数。

下面定义一个 sign 函数，根据输入的 x 的值与 0 的大小关系，返回 negative、zero 或 positive，代码如下：

```
>>> def sign(x):
```

```
...     if x > 0:
...         return 'positive'
...     elif x < 0:
...         return 'negative'
...     else:
...         return 'zero'
...
>>> for x in [-1, 0, 1]:
...     print(sign(x))
...
negative
zero
positive
```

函数的形参也可以设置成默认值，例如：

```
>>> def greet(name, loud=False):
...     if loud:
...         print('HELLO, %s!' % name.upper())
...     else:
...         print('hello, %s!' % name)
...
>>> greet('will')
hello, will!
>>> greet('will', loud=True)
HELLO, WILL!
```

9. 类

Python 是面向对象的编程语言，面向对象的编程语言中，最重要的概念就是类（class）和实例（instance）。类是抽象的模板，而实例是根据类创建出来的具体的对象。可以在类的内部定义不同的函数，称为类的方法。Python 中，使用 class 关键字来定义类，类的基本模板如下：

```
class 类名：
    def _init_(self, 参数, …)：# 初始化方法
    ...
    def 方法名 1(self, 参数, …)：# 方法 1
    ...
    def 方法名 2(self, 参数, …)：# 方法 2
    ...
```

注意，_init_() 是一个初始化方法，只在生成类的实例时被调用一次。类的定义中，所有方法的第一个参数都是 self，这是 Python 的特点之一。

下面我们来创建一个简单的类。

```
>>> class Greeter(object):
...     def _init_(self, name):
...         self.name = name        # 实例变量
...
```

```
...      # 定义实例方法
...      def greet(self, loud=False):
...          if loud:
...                print('HELLO, %s' % self.name.upper())
...          else:
...                print('hello, %s' % self.name)
...
>>> g = Greeter('will')
>>> g.greet()
hello, will
>>> g.greet(loud=True)
HELLO, WILL
```

　　我们构造了一个类 Greeter，类 Greeter 生成一个实例 g。类 Greeter 的初始化函数_init_()会接收参数 will，然后初始化 self.name。

　　当我们定义一个类的时候，可以从现有的类继承，新的类称为子类（subclass），而被继承的类称为基类（baseclass）、父类或超类（superclass）。继承最大的好处是子类可以获得父类的全部功能，而且子类可以定义新的方法。

　　下面是一个类继承的简单例子。

```
>>> class Know(Greeter):
...      """子类 Know 继承于父类 Greeter"""
...      def meet(self):
...            print('Nice to meet you!')
...
>>> k = Know('will')
>>> k.greet()
hello, will
>>> k.meet()
Nice to meet you!
```

1.2.4　NumPy 矩阵运算

　　NumPy 是 Python 的一个外部程序库，支持多维数组与矩阵运算，此外也针对数组运算提供大量的数学函数库。深度学习神经网络模型包含了大量的矩阵相乘运算，如果仅仅使用 for 循环，运算速度会大大降低，如果使用 Python 的 NumPy 进行矩阵运算，可以极大地提高运算效率。

1. 导入 NumPy

Python 中导入 NumPy 非常简单，使用 import 命令导入即可，代码如下：

```
>>> import numpy as np
```

import 是 Python 中导入外部库的命令。这条语句表示导入 NumPy 并命名为 np。

2. NumPy 数组

NumPy 可以使用方法 np.array()来生成数组，np.array()接收 Python 列表作为参数，代码如下：

```
>>> a = np.array([1, 2, 3])
>>> print(a)
[1 2 3]
>>> type(a)
<class 'numpy.ndarray'>
>>> b = np.array([[1, 2, 3], [4, 5, 6]])
>>> print(b)
[[1 2 3]
 [4 5 6]]
>>> type(b)
<class 'numpy.ndarray'>
```

NumPy 可以生成任意维度的数组。上面的程序中，a 是一维数组，b 是二维数组。数学运算中，一般将一维数组称为向量，将二维数组称为矩阵，将三维及三维以上的数组称为张量或多维数组。关于张量，将在第 2 章和第 3 章进行介绍。

3.NumPy 的数学运算

NumPy 中，维度相同的数组可以直接进行对应元素的加、减、乘、除运算。

```
>>> x = np.array([1, 2, 3])
>>> y = np.array([2, 4, 6])
>>> x + y
array([3, 6, 9])
>>> x - y
array([-1, -2, -3])
>>> x * y
array([ 2,  8, 18])
>>> x / y
array([0.5, 0.5, 0.5])
```

Numpy 数组可以通过索引或切片来访问和修改，与 Python 中列表的切片操作一样。

```
>>> a = np.array([1, 2, 3, 4])
>>> a[0]
1
>>> a[0:2]
array([1, 2])
>>> a[0] = 10
>>> a
array([10,  2,  3,  4])
```

4. NumPy 广播机制

如果两个数组的形状不相同，可以使用扩展数组的方法来实现相加、相减、相乘等操作，这种机制叫作广播。广播机制是 Python 的一个非常重要的功能。

对两个数组使用广播机制应遵守下列规则。

（1）如果两个数组的维度不同，可以使用 1 来对维度较小的数组进行扩展，直到两个数组的维度和长度都一样。

（2）如果两个数组在某个维度上的长度是一样的，或者其中一个数组在该维度上的长度为 1，那么我们就说这两个数组在该维度上是相容的。

（3）如果两个数组在所有维度上都是相容的，就能对这两个数组使用广播机制。

（4）在任何一个维度上，如果一个数组的长度为 1，另一个数组的长度大于 1，那么在该维度上，就像是对第一个数组进行了复制。这段话比较抽象，不太好理解，下面通过几个例子来解释广播机制到底是如何运行的。

例如，二维数组与标量之间的算术运算其实就用到了最简单的广播机制，代码如下：

```
>>> A = np.array([[1, 2], [3, 4]])
>>> b = 2
>>> A + b
array([[3, 4],
       [5, 6]])
```

我们用图解的方法解释二维数组与标量进行算术运算时采用的广播机制，如图 1-5 所示。

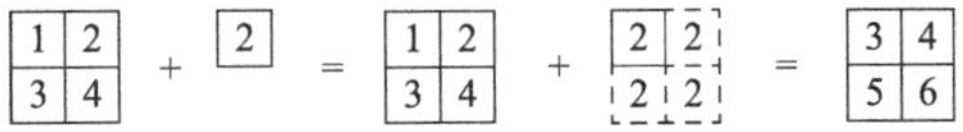

图 1-5 二维数组与标量进行算术运算时采用的广播机制

如果是二维数组与一维数组进行算术运算，令维度分别为（3, 2）和（2,），代码如下：

```
>>> A = np.array([[1, 2], [3, 4], [5, 6]])
>>> B = np.array([2, 2])
>>> A + B
array([[3, 4],
       [5, 6],
       [7, 8]])
```

值得一提的是，（3, 2）和（2,）的含义是不一样的。（3, 2）表示二维数组，而（2,）表示一维数组，被称为 rank 1 array。一维数组的特点是它的转置还是它本身。在实际应用中，我们要注意这两者的区别。

可以使用下面的语句将一维数组转换为二维数组：

```
>>> a = np.array([1,2])
>>> a
array([1, 2])
>>> a = a.reshape(1, -1)
```

```
>>> a
array([[1, 2]])
```

我们用图解的方法解释二维数组与一维数组进行算术运算时采用的广播机制，如图 1-6 所示。

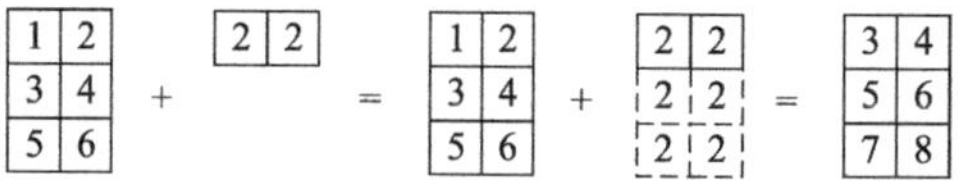

图 1-6　二维数组与一维数组进行算术运算时采用的广播机制

如果是两个二维数组进行算术运算，但一个维度的长度为 1，令维度分别为 $(2, 1)$ 和 $(1, 2)$，代码如下：

```
>>> A = np.array([[1], [2]])
>>> B = np.array([[2, 2]])
>>> A + B
array([[3, 3],
       [4, 4]])
```

我们同样用图解的方法解释两个二维数组进行算术运算时采用的广播机制，如图 1-7 所示。

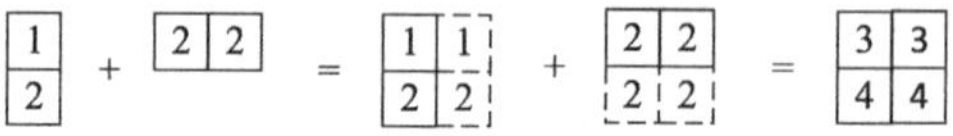

图 1-7　两个二维数组进行算术运算时采用的广播机制

5. NumPy 矩阵运算速度

上文介绍，使用 NumPy 矩阵运算代替 for 循环可以大大提高运算速度。下面，我们通过一个例子来比较矩阵运算与 for 循环的时间差异性。

```
import numpy as np
import time

a = np.random.rand(100000)
b = np.random.rand(100000)

c = 0
tic = time.time()
for i in range(100000):
    c += a[i]*b[i]
toc = time.time()

print(c)
print("for loop:" + str(1000*(toc-tic)) + "ms")

c = 0
tic = time.time()
```

```
c = np.dot(a,b)
toc = time.time()

print(c)
print("Vectorized:" + str(1000*(toc-tic)) + "ms")
```

其中，函数 np.random.rand()用来生成标准正态分布的数组，函数 np.dot()用来进行矩阵点乘运算。运行上面的代码后，结果显示如下：

```
25097.204047472216
for loop:51.16677284240723ms
25097.20404747199
Vectorized:0.9720325469970703ms
```

每台计算机运行的结果可能稍有不同，因为代码中使用的数组是随机生成的。结果显示，矩阵运算的速度要比 for 循环快很多，而且数据量越大、矩阵越复杂，速度上的差异就越明显。由此可见，使用 Numpy 中的矩阵运算将大大提高程序的运算速度。

1.2.5 Matplotlib 绘图

Matplotlib 是 Python 的一个强大的绘图库，可以绘制折线图、散点图、柱状图等。在深度学习领域，通常需要绘制大量的图形来实现数据的可视化以进行数据分析。下面，我们就来介绍 Matplotlib 的基本用法以及绘制图形的方法。

1. 绘制函数图形

我们一般使用 Matplotlib 的 pyplot 模块来绘图，先来看一个简单的例子。

```
# 导入库函数
import numpy as np
import matplotlib.pyplot as plt

# 生成数据
x = np.arange(0, 4 * np.pi, 0.1)
y = np.sin(x)

# 绘图
plt.plot(x, y)
plt.show()
```

上面的代码中，函数 np.arange()用来产生 0~4π 范围内的数，步长为 0.1。y 是 sin(x)函数的值，x 和 y 的数值传给函数 plt.plot()用于绘图，最后使用函数 plt.show()来显示图形。运行上面的代码，会显示 sin()函数的图形，如图 1-8 所示。

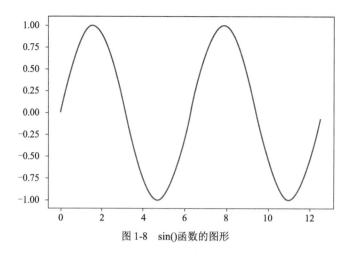

图 1-8　sin()函数的图形

如果要绘制的图形稍微复杂一些，例如要绘制两个图形，且要标注 x、y 坐标和图形的标题等，来看下面这个例子。

```
# 导入库函数
import numpy as np
import matplotlib.pyplot as plt

# 生成数据
x = np.arange(0, 4 * np.pi, 0.1)
y_sin = np.sin(x)
y_cos = np.cos(x)

# 绘图
plt.plot(x, y_sin)
plt.plot(x, y_cos, '--')
plt.xlabel('x')
plt.ylabel('y')
plt.title('sin and cos')
plt.legend (['sin', 'cos'])
plt.show()
```

上面的代码可以实现同时绘制两个图形，一个是 sin()函数图形，另一个是 cos()函数图形。在绘制 cos()函数图形的时候，我们可以改变图形线条的类型，例如可以将图形线条由实线改为虚线。同时，也可以将图的标题、轴标签和每个数据对应的图像名称都标注出来。运行上面的代码，可显示 sin()函数和 cos()函数的图形，如图 1-9 所示。

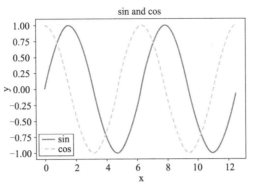

图 1-9　sin()函数和 cos()函数的图形

2. 绘制散点图

某些情况下，我们需要观察数据的分布情况，此时就需要绘制散点图。下面是一个绘制散点图的简单例子。

```python
import numpy as np
import matplotlib.pyplot as plt

# 生成数据
x = np.random.randn(200)
y = np.random.randn(200)
# 绘制散点图
plt.scatter(x, y)
plt.show()
```

函数 plt.scatter()用来绘制散点图。执行上面的语句，会生成如图 1-10 所示的散点图。

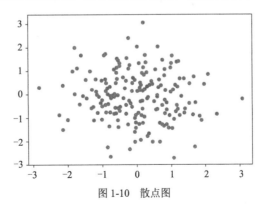

图 1-10　散点图

如果数据集中包含不同类别的数据，那么绘制散点图的时候，可以根据不同的颜色或者形状进行区分，来看下面这个例子。

```python
import numpy as np
import matplotlib.pyplot as plt

# 生成数据
x1 = np.random.randn(200)
y1 = np.random.randn(200)
x2 = np.random.randn(200) + 3
y2 = np.random.randn(200) + 3
# 绘制散点图
plt.scatter(x1, y1, marker='o')
plt.scatter(x2, y2, marker='s')
plt.show()
```

函数 plt.scatter()中的参数 marker 用来设置散点图中散点的形状，o 代表圆形，s 代表方形。执行上面的语句，会生成如图 1-11 所示的散点图。

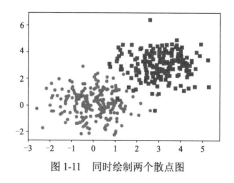

图 1-11   同时绘制两个散点图

3. 显示图片

可以使用 Matplotlib 的 image 模块来读取图片文件，并使用 pyplot 模块里的函数 imshow()显示图片。举例如下：

```python
import numpy as np
import matplotlib.pyplot as plt
from matplotlib.image import imread

# 读取图片文件
img = imread('./datasets/ch01/cat.jpg')

# 显示图片
plt.imshow(img)
plt.show()
```

使用函数 imread()的时候，要注意设置的图片路径是否正确。在本书配套的源代码中，图片 python.jpg 是存放在 datasets 文件夹下的 ch01 文件夹内的。在编写程序的时候，需要根据存放图片的位置设置正确的路径。执行上面的语句，会显示如图 1-12 所示的图片。

图 1-12　显示图片

1.3　Anaconda 与 Jupyter Notebook

在 1.2.2 节中介绍 Python 的安装时，本书推荐使用 Anaconda，并对 Anaconda 做了简单的介绍。事实上，Anaconda 是强大又好用的开发环境，它集成了许多非常有用的工具，因此，很有必要单独用一节来介绍它。本节将介绍几个优秀的 Anaconda 工具，以及现在应用非常广泛的编程利器 Jupyter Notebook。事实上，Anaconda 和 Jupyter Notebook 已成为数据分析的标准环境。本书配套的源代码都是在 Jupyter Notebook 环境下完成的。

1.3.1　Anaconda

Anaconda 集成了许多优秀的开发工具。下面，我们挑选几个来重点介绍一下。

1. Anaconda Navigator

以 Windows 操作系统为例，安装 Anaconda 之后，在"开始"菜单的搜索框中输入 Anaconda Navigator 就可以打开该工具。

Anaconda Navigator 是 Anaconda 发行包中包含的桌面图形界面，可以用来方便地启动 Python 开发工具，不需要使用命令行的命令。Anaconda Navigator 启动后的界面如图 1-13 所示。

从 Anaconda Navigator 的界面中可以看到，它为我们提供了许多开发工具，默认已经安装的有 JupyterLab、Jupyter Notebook、Qt Console、Spyder、VS Code。若要启动某个工具，直接单击相应工具下面的 Launch 按钮即可，非常方便。

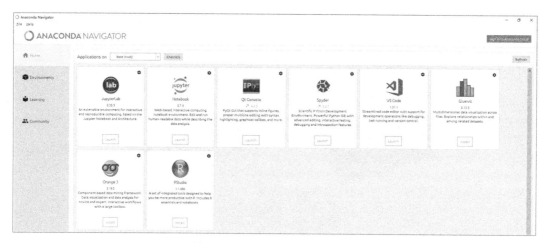

图 1-13　Anaconda Navigator 的界面

2. Anaconda Prompt

Anaconda Prompt 可以当成 Anaconda 的终端，就像 Windows 操作系统里的命令行窗口一样。在 Anaconda Prompt 中，我们可以使用 conda 命令来管理 Python 库。conda 是一个开源的软件包管理系统和环境管理系统，可以很方便地管理 Python 的库函数以及创建虚拟环境。以 Windows 操作系统为例，在"开始"菜单的搜索框里输入 Anaconda Prompt 就可以打开它。

Anaconda Prompt 的界面与命令行窗口非常类似，如图 1-14 所示。

图 1-14　Anaconda Prompt 的界面

下面介绍几个非常有用的 conda 命令。

（1）列出所有已安装的包（包括很多 Python 库，如 NumPy、Matplotlib 等）：

```
> conda list
```

（2）安装包（例如安装 Python 的 Pandas 库）：

```
> conda install pandas
```

（3）卸载包（例如卸载 Pandas 库）：

```
> conda uninstall pandas
```

（4）更新包（例如更新 Pandas 库）：

```
> conda update pandas
```

1.3.2　Jupyter Notebook

Jupyter Notebook 已经成为机器学习、深度学习以及数据分析时必备的工具了。那么，什么是 Jupyter Notebook 呢？Jupyter Notebook 的图标如图 1-15 所示。

图 1-15　Jupyter Notebook 的图标

Jupyter Notebook 是一个 Web 应用程序，可让我们创建并共享代码和文档，并支持代码、Latex 公式、可视化和 Markdown。目前，机器学习领域最热门的比赛 Kaggle 里的资料都是 Jupyter 的格式。入门深度学习，Jupyter Notebook 是必不可少的重要工具。简单地说，我们可以在 Jupyter Notebook 里编写代码并执行，甚至可以给代码写上注释性文档。

我们刚才介绍了 Anaconda Navigator，可以在 Anaconda Navigator 界面中找到 Jupyter Notebook 并直接打开它。Jupyter Notebook 的主界面如图 1-16 所示。

图 1-16　Jupyter Notebook 的主界面

若要创建一个新的 Notebook，只需单击主界面右侧的 New 命令，在下拉选项中选择一个 Notebook 类型即可，如图 1-17 所示。

图 1-17　新建 Notebook

例如，我们可以创建一个 Python 3 的 Notebook。新建的 Notebook 页面如图 1-18 所示。

图 1-18　新建的 Notebook 页面

新建 Notebook 的默认名称为 Untitled，我们可以单击 File 菜单选择 Rename 命令修改名称，也可以单击 Untitled 直接修改。

菜单和快捷键下方就是编辑区，可以看到一个个单元（cell）。每个 Notebook 都由许多单元组成，每个单元可以设置不同的类型，最常用的两种类型是"代码"和"标记"，切换方式如图 1-19 所示。"代码"表示该单元用来编写 Python 代码，"标记"表示该单元用来编写 Markdown 文档。

图 1-19　切换单元类型

1. Python 代码

一般默认的单元类型是代码单元，以"In[ ]"开头。在代码单元里，可以输入任何代码并执

行。例如，用键盘输入 1+2，然后按组合键 Shift+Enter，代码将被运行并显示结果，如图 1-20
所示。同时，切换到新的单元中。也可以通过菜单栏 Cell→Run cells 来运行这个单元。

图 1-20　运行 Python 代码

Notebook 有一个非常有趣的特性，即可以随时返回之前的单元，修改并重新运行。如果想
使用不同的参数调试方程又不想运行整个脚本的时候，这个特性非常有用。

2. Markdown 文档

除了编写 Python 代码之外，还可以在 Notebook 里编写 Markdown 文档用于注释，以增强
文档的可读性和丰富性。按照上面介绍的方法，切换单元为"标记"，就可以编写 Markdown
文档了。

1）添加文本注释

可以在 Markdown 文档中添加一级标题（#）、二级标题（##）、三级标题（###）和解释性文
档等，这样做最大的好处就是让程序代码的可读性更强。现在，我们给代码编写注释性文档，
如图 1-21 所示。

图 1-21　为代码编写注释性文档

2）插入图片

除了添加文本注释之外，还可以在 Markdown 文档中插入图片，例如输入如图 1-22 所示的
命令，即可插入 Jupyter 图标的网络图片。

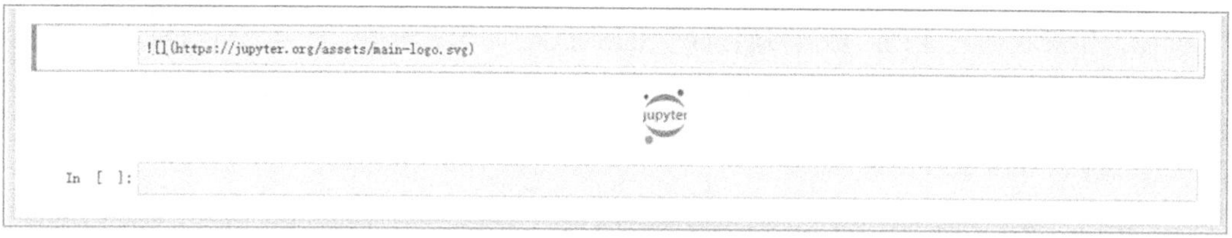

图 1-22　插入网络图片

除了插入网络图片之外，还可以插入本地计算机中的图片，只要设置正确的图片路径即可。

3）插入 Latex 公式

除此之外，Markdown 文档还支持 Latex 语法。可以在 Markdown 文档中按照 Latex 语法的规则写下公式，然后直接运行，就可以看到结果。

例如，在 Jupyter 代码中插入 Latex 公式，如图 1-23 所示。列举公式会更加方便用户理解程序，增强程序代码的可读性。

$$w=w-\frac{\partial J}{\partial w}$$

In [ ]:

图 1-23　插入 Latex 公式

3. Matplotlib 与 Jupyter Note 结合使用

Matplotlib 与 Jupyter Notebook 结合使用时，效果更好。为了在 Jupyter Notebook 中使用 Matplotlib，只需要告诉 Jupyter 获取所有 Matplotlib 生成的图形，并把它们全部嵌入 Notebook 中，代码如下：

```
%matplotlib inline
```

下面这段简单的代码将绘制二次曲线 $y=x^2$ 对应的图形。

```
import numpy as np
import matplotlib.pyplot as plt

x = np.arange(20)
y = x**2
plt.plot(x, y)
```

运行以上代码，结果如图 1-24 所示。

可以看到，绘制的图形直接嵌入 Notebook 中，显示在代码下方。修改代码，重新运行，图形将自动同步更新。代码和图形放在同一个文件中，可以增强程序代码的可读性。

```
In [12]: import matplotlib.pyplot as plt
         import numpy as np

         x = np.arange(20)
         y = x**2

         plt.plot(x, y)
         plt.show()
```

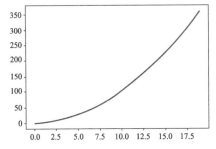

图 1-24 Matplotlib 绘图

关于 Jupyter Notebook，我们就简单介绍至此。然而，Jupyter Notebook 的功能远不止此，读者可以查阅相关资料，掌握更多 Jupyter Notebook 的使用技能。本书配套的所有源代码也都将在 Jupyter Notebook 环境下实现。

第 2 章

PyTorch

Python 是深度学习领域的首选编程语言。构建某些大型的复杂神经网络时，经常需要使用深度学习框架来实现快速、有效的开发，这些深度学习框架大部分都是基于 Python 的，常用的框架包括 PyTorch、TensorFlow、Keras、Caffe2 等。其中，PyTorch 和 TensorFlow 是应用范围最广、热度最高的两个深度学习框架，本书将对这两个框架进行重点介绍。

本章主要对 PyTorch 进行简要的介绍。

2.1 PyTorch 概述

2.1.1 什么是 PyTorch

什么是 PyTorch？其实，PyTorch 可以拆分成两部分：Py 和 Torch。Py 就是 Python，Torch 是一个有大量机器学习算法支持的科学计算框架。Lua 语言简洁高效，但由于其过于小众，用的人不是很多。考虑到 Python 在人工智能领域的领先地位，以及其生态的完整性和接口的易用性，几乎任何框架都不可避免地要提供 Python 接口。终于，2017 年，Torch 的幕后团队使用 Python 重写了 Torch 的很多内容，推出了 PyTorch，并提供了 Python 接口。此后，PyTorch 成为最流行的深度学习框架之一。

直白地说，PyTorch 可以看成一个 Python 库，可以像 NumPy、Pandas 一样被 Python 所调用。PyTorch 与 NumPy 的功能是类似的，可以把 PyTorch 看成应用在神经网络里的 NumPy，而且是加入了 GPU 支持的 NumPy。

2.1.2　为什么使用 PyTorch

深度学习框架那么多，为什么我们这么青睐 PyTorch 呢？我们先来看看有哪些机构在使用 PyTorch 吧，如图 2-1 所示。

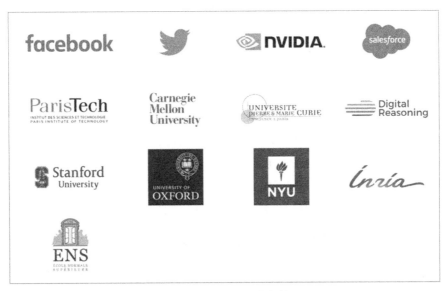

图 2-1　使用 PyTorch 的机构

由图 2-1 可知，PyTorch 已经被 Twitter、CMU 和 Salesforce 等多个机构使用。这足以说明 PyTorch 是好用的，而且是值得推广的。

PyTorch 实际上是 NumPy 的替代工具，而且支持 GPU，带有高级功能，可以用来搭建和训练深度神经网络。只要熟悉 NumPy、Python 以及基础的深度学习概念，PyTorch 就非常容易上手。这就是 PyTorch 备受青睐的重要原因之一。

2.2　PyTorch 的安装

我们在第 1 章中已经介绍了 Anaconda 的安装和使用，下面将介绍在 Anaconda 环境下安装 PyTorch 的方法。

首先，我们为 PyTorch 创建一个虚拟环境。创建虚拟环境是一个好的编程习惯，因为在实际项目开发过程中，我们通常会根据自己的需求去下载各种框架和库，但是可能每个项目使用的框架和库并不一样，或使用的版本不一样，这时就需要根据需求不断地更新或卸载相应的库，管理起来相当麻烦。创建虚拟环境相当于为不同的项目创建一个独立的空间，在这个空间里安装的任何库和框架都是独立的，不会影响到外部环境。

因为安装了 Anaconda，所以创建虚拟环境变得很简单，可以使用 Anaconda Prompt 来创建。

首先打开 Anaconda Prompt。在命令行窗口中输入以下代码：

```
> conda create --name pytorch python=3.7
```

注意，这里的 pytorch 是虚拟环境的名称，可以自由命名。创建完成之后，可以输入以下命令，进入虚拟环境 pytorch：

```
> activate pytorch
```

注意，不想使用 PyTorch 时，可以输入 deactivate pytorch 关闭当前虚拟环境。

进入该虚拟环境之后，我们就可以安装 PyTorch 了。首先在浏览器中输入 https://pytorch.org/，进入 PyTorch 的官网。然后单击 Get Started，进入下载页面。PyTorch 支持 Windows、Mac、Linux 操作系统，只需按照提示，选择 PyTorch 版本、操作系统、Python 版本、CUDA 版本等选项，然后 Run this Command 区域就会显示需要的安装命令，如图 2-2 所示。

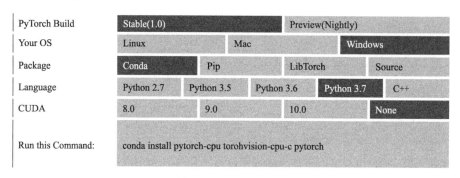

PyTorch Build	Stable(1.0)		Preview(Nightly)	
Your OS	Linux	Mac	Windows	
Package	Conda	Pip	LibTorch	Source
Language	Python 2.7	Python 3.5	Python 3.6	Python 3.7	C++
CUDA	8.0	9.0	10.0	None
Run this Command:	conda install pytorch-cpu torohvision-cpu-c pytorch			

图 2-2　PyTorch 的下载

这里需要注意的是，如果想选择安装 GPU（Graphics Processing Unit）版本的 PyTorch，CUDA 就不能设置为 None。安装 GPU 版本的 PyTorch，首先计算机需要有一块 NVIDIA 的 GPU 显卡并安装了显卡驱动。在安装 PyTorch 之前，需要提前安装 CUDA 和 CUDNN。这里就不再对 CUDA 和 CUDNN 的安装进行介绍了，感兴趣的读者可自行学习安装方法。

因为安装 GPU 版本的 PyTorch 需要有硬件支持，而且准备工作较多，因此，本书推荐安装 CPU 版本的 PyTorch。其实，只有比较复杂的神经网络，GPU 版本和 CPU 版本 PyTorch 的运行速度差异较大。一般规模的神经网络，两者的运行速度并无较大的区别。注意，本书的所有代码都可以在 CPU 版本的 PyTorch 上运行，有的运行时间较慢，但并无大碍。当然，如果计算机上有 GPU，也可以安装 GPU 版本的 PyTorch。

以 Windows 操作系统为例，安装 CPU 版本的 PyTorch 时，Run this Command 中显示的命令

如下:

```
conda install pytorch-cpu torchvision-cpu -c pytorch
```

接下来，我们只需要在虚拟环境 pytorch 中输入上面这条命令，就可以顺利完成 PyTorch 的安装。

注意，新建的虚拟环境 pytorch 是没有 Jupyter 的，所以，我们需要在该环境下输入以下命令安装 Jupyter:

```
conda install jupyter
```

除了 Jupyter 之外，还可以根据需要使用 conda 命令安装其他的 Python 库。

安装工作完成后，如何验证 PyTorch 是否安装正确呢？打开 Anaconda Navigator，因为 PyTorch 是安装在虚拟环境 pytorch 中的，所以在 Anaconda Navigator 界面的 Applications on 下拉列表框中选择 pytorch，然后启动该环境下的 Jupyter Notebook，如图 2-3 所示。

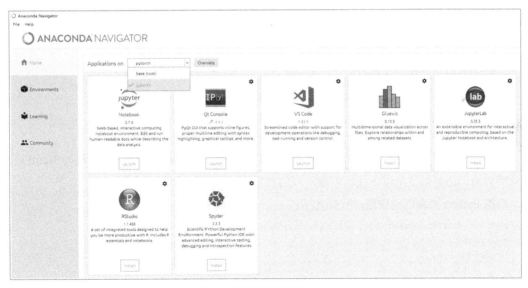

图 2-3　切换至虚拟环境 pytorch

打开 Jupyter Notebook 之后，输入 import 语句，如果没有报错，就说明 PyTorch 已经安装成功了。也可以在 Jupyter Notebook 中查看安装的 PyTorch 的版本，如图 2-4 所示。

```
In [2]:  # 导入PyTorch库
         import torch
         import torchvision

         # 查看安装的PyTorch版本
         torch.__version__

Out[2]:  '1.0.1'
```

图 2-4　导入 PyTorch 库并查看 PyTorch 的版本

这里，可能有的读者会问为什么有 torch 和 torchvision？torch 就是 PyTorch 的核心库，torchvision 包是服务于 PyTorch 深度学习框架的，用来生成图片、视频数据集、一些流行的模型类和预训练模型。简单来说，torchvision 由 torchvision.datasets、torchvision.models、torchvision.transforms、torchvision.utils 四个模块组成。安装的时候，我们同时安装了 PyTorch 和 torchvision。后面的章节中，我们还会介绍。

2.3 张量

2.3.1 张量的创建

张量（tensor）是 PyTorch 里基础的运算单位，类似于 NumPy 中的数组。但是，张量可以在 GPU 版本的 PyTorch 上运行，而 NumPy 中的数组只能在 CPU 版本的 PyTorch 上运行。因此，张量的运算速度更快。

下面，我们来创建一个张量。

```
>>> x = torch.randn(2,2)
>>> print(x)
tensor([[-2.2093,  0.1976],
        [-0.9493,  1.2901]])
```

上面代码创建的是 2×2 的随机初始化张量，可以看出 PyTorch 的语法和函数与 NumPy 是非常类似的。还可以使用以下代码创建不同的张量。

根据 Python 列表创建张量，代码如下：

```
>>> x = torch.tensor([[1, 2], [3, 4]])
>>> print(x)
tensor([[1, 2],
        [3, 4]])
```

创建一个全零的张量，代码如下：

```
>>> x = torch.zeros(2,2)
>>> print(x)
tensor([[0., 0.],
        [0., 0.]])
```

基于现有的张量创建新的张量，代码如下：

```
>>> x = torch.zeros(2,2)
>>> y = torch.ones_like(x)
>>> print(x)
tensor([[0., 0.],
        [0., 0.]])
```

```
>>> print(y)
tensor([[1., 1.],
        [1., 1.]])
```

在创建张量的时候，还可以指定数据类型，例如创建一个长整型张量，代码如下：

```
>>> x = torch.ones(2, 2, dtype=torch.long)
>>> print(x)
tensor([[1, 1],
        [1, 1]])
```

2.3.2　张量的数学运算

张量的数学运算与数组的数学运算相同，与 NumPy 的数学运算类似。下面通过几个例子来说明。

两个张量相加，代码如下：

```
>>> x = torch.ones(2,2)
>>> y = torch.ones(2,2)
>>> z = x + y
>>> print(z)
tensor([[2., 2.],
        [2., 2.]])
```

也可以使用 torch.add()实现张量相加，代码如下：

```
>>> x = torch.ones(2,2)
>>> y = torch.ones(2,2)
>>> z = torch.add(x, y)
>>> print(z)
tensor([[2., 2.],
        [2., 2.]])
```

还可以使用.add_()实现张量的替换，代码如下：

```
>>> x = torch.ones(2,2)
>>> y = torch.ones(2,2)
>>> y.add_(x)
tensor([[2., 2.],
        [2., 2.]])
>>> print(y)
tensor([[2., 2.],
        [2., 2.]])
```

张量的乘法有两种形式，第一种是对应元素相乘，代码如下：

```
>>> x = torch.tensor([[1, 2], [3, 4]])
>>> y = torch.tensor([[1, 2], [3, 4]])
>>> x.mul(y)
tensor([[ 1,  4],
        [ 9, 16]])
```

第二种是矩阵相乘，这种形式更加常用，代码如下：

```
>>> x = torch.tensor([[1, 2], [3, 4]])
>>> y = torch.tensor([[1, 2], [3, 4]])
>>> x.mm(y)
tensor([[ 7, 10],
        [15, 22]])
```

2.3.3 张量与 NumPy 数组

PyTorch 中的张量与 NumPy 数组可以互相转化，而且两者共享内存位置，如果一个发生改变，另一个也随之改变。

1. 张量转换为 NumPy 数组

通过简单的.numpy()就可以将张量转换为 NumPy 数组，代码如下：

```
>>> a = torch.ones(2,2)
>>> b = a.numpy()
>>> print(type(a))
<class 'torch.Tensor'>
>>> print(type(b))
<class 'numpy.ndarray'>
```

此时，如果张量发生改变，对应的 NumPy 数组也有相同的变化，代码如下：

```
>>> a.add_(1)
tensor([[2., 2.],
        [2., 2.]])
>>> print(b)
[[2. 2.]
 [2. 2.]]
```

2. NumPy 数组转换为张量

对于 NumPy 数组，可以通过 torch.from_numpy()转化为张量，代码如下：

```
>>> a = np.array([[1, 1], [1, 1]])
>>> b = torch.from_numpy(a)
>>> print(type(a))
<class 'numpy.ndarray'>
>>> print(type(b))
<class 'torch.Tensor'>
```

同样，如果 NumPy 数组发生改变，对应的张量也有相同的变化，代码如下：

```
>>> np.add(a, 1, out=a)
array([[2, 2],
       [2, 2]])
>>> print(b)
tensor([[2, 2],
        [2, 2]], dtype=torch.int32)
```

2.3.4　CUDA 张量

新建的张量默认保存在 CPU 里，如果安装了 GPU 版本的 PyTorch，就可以将张量移动到 GPU 里，代码如下：

```
>>> a = torch.ones(2,2)
>>> if torch.cuda.is_available():
...     a_cuda = a.cuda()
...     print(a_cuda)
tensor([[1., 1.],
        [1., 1.]], device='cuda:0')
```

2.4　自动求导

深度学习的算法在本质上是通过反向传播求导数（后面的章节将会详细介绍），此功能由 PyTorch 的自动求导（autograd）模块实现。关于张量的所有操作，自动求导模块都能为它们自动提供微分，避免了手动计算导数的复杂过程，可以节约大量的时间。

如果要让张量使用自动求导功能，只需要在定义张量的时候设置参数 tensor.requires_grad=True 即可。默认情况下，张量是没有自动求导功能的。

```
>>> x = torch.ones(2, 2, requires_grad=True)
>>> y = torch.ones(2, 2, requires_grad=True)
>>> print(x.requires_grad)
True
>>> print(y.requires_grad)
True
```

新建的张量 x 和 y 的 requires_grad 参数值均为 True。

2.4.1　返回值是标量

我们定义输出 $z = \dfrac{1}{4}\sum_i x_i + y_i$，代码如下：

```
>>> z = x + y
>>> z = z.mean()
>>> print(z)
tensor(2., grad_fn=<MeanBackward1>)
```

在 PyTorch 中，每个通过函数计算得到的变量都有一个 .grad_fn 属性。因为 z 是通过 x 和 y 运算而来，所以具有 grad_fn 属性。如果现在要计算 z 对 x 的偏导数 $\dfrac{\partial z}{\partial x}$ 以及 z 对 y 的偏导数 $\dfrac{\partial z}{\partial y}$，

首先要对 z 使用.backward()来定义反向传播，代码如下：

```
>>> z.backward()
```

然后直接使用 x.grad 来计算 $\dfrac{\partial z}{\partial x}$，使用 y.grad 来计算 $\dfrac{\partial z}{\partial y}$，代码如下：

```
>>> print(x.grad)
tensor([[0.2500, 0.2500],
        [0.2500, 0.2500]])
>>> print(y.grad)
tensor([[0.2500, 0.2500],
        [0.2500, 0.2500]])
```

可以看到，只需要简单的两行语句，PyTorch 的自动求导功能就可以计算出 $\dfrac{\partial z}{\partial x}$ 和 $\dfrac{\partial z}{\partial y}$。

2.4.2　返回值是张量

2.4.1 小节的例子中，输出 z 是一个标量，不需要在 backward()中指定任何参数。如果 z 是一个多维张量，则需要在 backward()中指定参数，匹配相应的尺寸。

我们来看下面这个例子。因为返回值 z 不是一个标量，所以需要输入一个大小相同的张量作为参数，这里我们用 ones_like()函数根据 z 生成一个张量。

```
>>> x = torch.ones(2, 2, requires_grad=True)
>>> y = torch.ones(2, 2, requires_grad=True)

>>> z = 2 * x + 3 * y

>>> z.backward(torch.ones_like(z))

>>> print(x.grad)
tensor([[2., 2.],
        [2., 2.]])

>>> print(y.grad)
tensor([[3., 3.],
        [3., 3.]])
```

2.4.3　禁止自动求导

我们可以使用 with torch.no_grad()来禁止已经设置 requires_grad=True 的张量进行自动求导，这个方法在测试集测试准确率的时候会经常用到。例如：

```
>>> print(x.requires_grad)
True
>>> print((2 * x).requires_grad)
```

```
True
>>> with torch.no_grad():
...     print((2 * x).requires_grad)
...
False
```

2.5　torch.nn 和 torch.optim

PyTorch 中，训练神经网络离不开两个重要的包：torch.nn 和 torch.optim。到目前为止本书还没有介绍神经网络，此处可以先来了解这两个非常重要的包，便于对后面内容的理解。注意，本小节的内容不会涉及神经网络的具体知识，仅介绍 torch.nn 和 torch.optim 的整体框架，便于读者理解。学习本节内容之前，最好有机器学习的基础，如线性回归、梯度下降算法等。

2.5.1　torch.nn

torch.nn 是专门为神经网络设计的模块化接口，构建于自动求导模块的基础上，可用来定义和运行神经网络。可以理解为，torch.nn 用于搭建一个模型，因此使用之前需要导入这个库，代码如下：

```
>>> import torch
>>> import torch.nn as nn
```

使用 torch.nn 来搭建一个模型的方法是定义一个类，代码如下：

```
class net_name(nn.Module):
    def __init__(self):
        super(net_name, self).__init__()
        self.fc = nn.Linear(1, 1)
        # 其他层

    def forward(self, x):
        out = self.fc(x)
        return out
```

上面的代码中，net_name 就是类名，名字可以自由拟定。该类继承于父类 nn.Module。nn.Module 是 torch.nn 中十分重要的类，包含网络各层的定义及 forward 方法，避免从底层搭建网络的麻烦。self.fc = nn.Linear(1, 1)表示对模型的搭建，模型仅仅是一个全连接层（fc），也叫线性层。(1,1) 中的数字分别表示输入和输出的维度。这里，令输入和输出的维度都为 1。学习神经网络的时候，可以在此处构建更加复杂的网络。该类还包含一个 forward 函数，因为模型仅仅是一层全连接层，所以 out=self.fc(x)。最后，函数返回 out。上面这段代码其实就是一个简单的线性回归模型。

使用该线性回归模型的时候，可以直接新建一个该模型的对象，代码如下：

```
net = net_name()
```

2.5.2 torch.optim

torch.optim 是一个实现了各种优化算法的库，包括最简单的梯度下降（Gradient Descent，GD）、随机梯度下降（Stochastic Gradient Descent，SGD）及其他更复杂的优化算法。直接输入以下命令即可导入 torch.optim：

```
>>> import torch.optim as optim
```

我们首先来了解 PyTorch 中的损失函数是如何定义的。损失函数用于计算每个实例的输出与真实样本的标签是否一致，并评估差距的大小。利用 torch.nn 可以很方便地定义损失函数。torch.nn 包有多种不同的损失函数，最简单的是 nn.MSELoss()，可以计算预测值与真实值的均方误差。

```
criterion = nn.MSELoss()
loss = criterion(output, target)
```

其中，output 是预测值，target 是真实值。

反向传播过程中，一般通过 loss.backward() 计算梯度。注意，每次迭代时梯度要先清零，否则会被累加计算。

优化算法有很多，最简单的就是使用随机梯度下降算法，只需要一行语句即可：

```
optimizer = optim.SGD(net.parameters(), lr=0.01)
```

其中，net.parameters() 表示模型参数，即待求参数。lr 为学习率，这里设置为 0.01。

总结一下，一次完整的前向传播加上反向传播需要用到 torch.nn 和 torch.optim 包。单次迭代对应的代码如下：

```
optimizer.zero_grad()          # 梯度清零

output = net(input)

loss = criterion(output, target)
loss.backward()

optimizer.step()               # 完成更新
```

这里有一点需要注意，每次迭代开始，梯度都要被清零，即执行 optimizer.zero_grad()，如果不清零的话，上次梯度会被累加。

2.6　线性回归

本章的前 5 节介绍了 PyTorch 的基本内容和语法，本节将通过一个简单的线性回归实例，介绍如何使用 PyTorch 编写一个完整的模型并验证它的好坏。

2.6.1　线性回归的基本原理

线性回归是一个最基本、最简单的机器学习算法，相信读者对它的基本原理已经非常熟悉了，本小节仅做简要介绍。

线性回归一般用于数值预测，如房屋价格预测、信用卡额度预测等。线性回归算法就是要找出这样一条拟合线或拟合面，能够最大限度地拟合真实的数据分布，如图 2-5 所示。

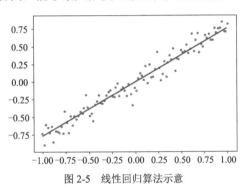

图 2-5　线性回归算法示意

这条直线可以表示为

$$\hat{y} = w_0 + w_1 x \tag{2-1}$$

式中，$\hat{y}$ 是预测值，w_0 和 w_1 是直线参数，正是需要去求的两个值。

如何确定这条直线以及相关的参数 w_0 和 w_1 呢？我们希望预测值 $\hat{y}$ 与真实值 y 越接近越好，因此引入代价函数。代价函数是定义在整个训练集上的，是所有样本误差的平均，也就是所有样本损失函数的平均。其实，代价函数与损失函数的唯一区别在于前者针对整个训练集，后者针对单个样本。代价函数越小，表明直线拟合得越好。

此时，代价函数通过均方差的计算而得到，计算公式为：

$$J = \frac{1}{2m} \sum_{i=1}^{m} (y_i - \hat{y}_i)^2 \tag{2-2}$$

式中，m 表示总的样本个数，y_i 表示第 i 个样本的真实值，$\hat{y}_i$ 表示第 i 个样本的预测值。分母是 $2m$ 而不是 m 仅仅是为了平方求导的方便。

接下来要求最小化代价函数 J 时对应的参数 w_0 和 w_1。如何最小化代价函数 J 呢？最简单的方法就是使用梯度下降算法，其核心思想是在函数曲线上的某一点，函数沿梯度方向具有最大的变化率，那么沿着负梯度方向移动会不断逼近最小值，这样一个迭代的过程可以最终实现代价函数的最小化目标。

梯度下降算法中，w_0 和 w_1 迭代更新的表达式为：

$$w_0 = w_0 - \alpha \frac{\partial J}{\partial w_0} \tag{2-3}$$

$$w_1 = w_1 - \alpha \frac{\partial J}{\partial w_1} \tag{2-4}$$

式中，α 表示学习率。

这样，经过多次的迭代更新，J 会不断接近全局最小值。此时，就可以得到参数 w_0 和 w_1，直线也就确定了。

2.6.2　线性回归的 PyTorch 实现

1. 数据集

首先，我们要构造一些数据集，代码如下：

```
# y=3x+10，后面加上 torch.randn() 函数制造噪音
x = torch.unsqueeze(torch.linspace(-1, 1, 50), dim=1)
y = 3*x + 10 + 0.5 * torch.randn(x.size())
```

显然，原始的数据集中，y 是由直线 $10+3x$ 加上一些随机噪声而得到的。原始数据的分布如图 2-6 所示。

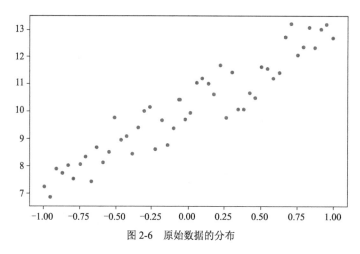

图 2-6　原始数据的分布

2. 模型定义

定义线性回归模型，代码如下：

```
class LinearRegression(nn.Module):
    def __init__(self):
        super(LinearRegression, self).__init__()
        self.fc = nn.Linear(1, 1)

    def forward(self, x):
        out = self.fc(x)
        return out

model = LinearRegression()
```

接下来，我们定义损失函数和优化函数，这里使用均方误差作为损失函数，使用梯度下降算法进行优化，代码如下：

```
# 定义损失函数和优化函数
criterion = nn.MSELoss()
optimizer = optim.SGD(model.parameters(), lr=5e-3)
```

3. 模型训练

开始进行模型的训练，代码如下：

```
num_epochs = 1000                    # 遍历整个训练集的次数
for epoch in range(num_epochs):
    # forward
    out = model(x)                   # 前向传播
    loss = criterion(out, y)         # 计算损失函数
    # backward
    optimizer.zero_grad()            # 梯度归零
    loss.backward()                  # 反向传播
    optimizer.step()                 # 更新参数

    if (epoch+1) % 20 == 0:
        print('Epoch[{}/{}], loss: {:.6f}'.format(epoch+1, num_epochs, loss.detach().
numpy()))
```

上面的模型训练代码中，迭代的次数为 1000 次，是遍历整个数据集的次数。先进行前向传播计算代价函数，然后向后传播计算梯度，这里需要注意的是，每次计算梯度前都要将梯度归零，不然梯度会累加到一起造成结果不收敛。为了便于观察结果，每 20 次迭代之后输出当前的均方差损失。

4. 模型测试

最后，我们通过 model.eval() 函数将模型由训练模式变为测试模式，将数据放入模型中进行预测。最后，通过绘图工具 Matplotlib 判断拟合的直线与原始数据的贴近程度，代码如下：

```
model.eval()
y_hat = model(x)
plt.scatter(x.numpy(), y.numpy(), label='原始数据')
plt.plot(x.numpy(), y_hat.detach().numpy(), c='r', label='拟合直线')
# 显示图例
plt.legend()
plt.show()
```

y_hat 就是训练好的线性回归模型的预测值。注意，y_hat.detach().numpy()中，.detach()用于停止对张量的梯度跟踪。模型训练阶段需要跟踪梯度，但是模型测试的时候就不需要梯度跟踪了。最后显示的拟合直线如图 2-7 所示。

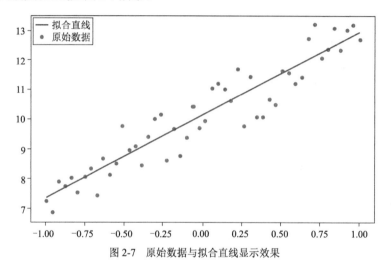

图 2-7 原始数据与拟合直线显示效果

可以看到，线性回归模型与原始数据拟合得非常好。我们可以使用下面的代码来查看这条直线的参数 w_0 和 w_1：

```
>>> list(model.named_parameters())
[('fc.weight', Parameter containing:
  tensor([[2.7447]], requires_grad=True)), ('fc.bias', Parameter containing:
  tensor([10.1136], requires_grad=True))]
```

通过参数查询可得 w_0=10.1136，w_1=2.7447，与构造数据时使用的直线 y=10+3x 非常接近。

至此，我们已经介绍了 PyTorch 的基本用法，并使用 PyTorch 实现了一个简单的线性回归模型。本书后面的神经网络章节中，我们将会学习更多、更重要的与 PyTorch 有关的知识，并使用这些知识来处理更复杂的机器视觉（Computer Vision，CV）和自然语言处理（Natural Language Processing，NLP）问题。

第 2 章已经介绍了深度学习框架 PyTorch，除了 PyTorch 之外，还有一个应用非常广泛的深度学习框架——TensorFlow。本章主要对 TensorFlow 进行简要的介绍。

3.1 TensorFlow 概述

3.1.1 什么是 TensorFlow

什么是 TensorFlow？与 PyTorch 类似，TensorFlow 也可以拆分成两部分：Tensor+Flow。Tensor 即张量，第 2 章学习 PyTorch 的时候已经介绍过了，是可以在 GPU 中运行的多维数组。而 Flow 是流的意思，说明 TensorFlow 是一个采用数据流图进行数值计算的开源软件库。

与 PyTorch 一样，TensorFlow 也是一个基于 Python 的深度学习框架。TensorFlow 最初由 Google 大脑小组的研究员和工程师们开发出来，用于机器学习和深度神经网络方面的研究。后来，TensorFlow 逐渐发展壮大，最终成为使用人数最多、社区最大、排名第一的深度学习框架。

TensorFlow 的基本原理是基于图运算，而且可以将一个计算图划分成多个子图，然后在多个 CPU 或者 GPU 上并行地执行。除此之外，TensorFlow 还支持分布式计算，可以在合理的时间内在数百台服务器上进行分割计算，在庞大的训练集上训练巨大的神经网络。

3.1.2 为什么使用 TensorFlow

TensorFlow 内建深度学习的扩展支持模块，任何能够用计算流图形来表达的计算，都可以使用 TensorFlow。任何基于梯度的机器学习算法都能够受益于 TensorFlow 的自动分化（auto-differentiation）。通过灵活的 Python 接口，要在 TensorFlow 中表达想法也会很容易。TensorFlow 对于实际的产品也是很有意义的，可以将思路从桌面 GPU 训练无缝搬迁到手机中运行。

正是因为 TensorFlow 这种独一无二的特性，使 TensorFlow 得以迅速发展。它目前已经被 Google、OpenAI、NVIDIA、Intel、SAP、eBay、Airbus、Uber、Airbnb、Snap、Dropbox 等许多 大公司广泛采用。

总而言之，选择使用 TensorFlow 主要基于以下原因。

（1）Python API。

（2）可移植性：仅仅使用一个 API 就可以将计算任务部署到服务器或者计算机的 CPU 或者 GPU 上。

（3）灵活性：适用于 Linux、CentOS、Windows 等操作系统。

（4）可视化（TensorBoard）。

（5）支持存储和恢复模型与图。

（6）拥有庞大的社区支持。

3.2　TensorFlow 的安装

下面将介绍在 Anaconda 环境下安装 TensorFlow 的方法。

首先，我们为 TensorFlow 创建一个虚拟环境。该虚拟环境应独立于主环境和我们在第 2 章 中创建的 PyTorch 虚拟环境。

打开 Anaconda Prompt，在命令行窗口中输入：

```
> conda create --name tensorflow python=3.5
```

注意，这里的 tensorflow 是虚拟环境的名称。虚拟环境创建完成之后，可以输入以下命令， 进入虚拟环境 tensorflow：

```
> activate tensorflow
```

如果不想使用 TensorFlow，可以输入 deactivate tensorflow，关闭当前虚拟环境。

进入该虚拟环境之后，我们就可以安装 TensorFlow 了。如果安装 CPU 版本的 TensorFlow， 直接在 Anaconda Prompt 中输入一行命令即可：

```
conda install tensorflow
```

如果安装 GPU 版本的 TensorFlow，计算机中需要有一块 NVIDIA 的 GPU 显卡并安装了显 卡驱动。在安装 TensorFlow 之前，需要提前安装 CUDA 和 CUDNN。提前安装工作准备好之后，直接在 Anaconda Prompt 中输入一行命令即可：

```
conda install tensorflow-gpu
```

因为安装 GPU 版本的 TensorFlow 需要有硬件支持，而且准备工作较多，因此，作为入门学习，本书推荐安装 CPU 版本的 TensorFlow。

完成了 TensorFlow 的安装之后，接下来，要在 tensorflow 这个虚拟环境中安装 Jupyter 和其他所需的 Python 库。与 PyTorch 的安装过程相同，直接使用 conda 命令安装即可，这里不再赘述。

安装工作完成后，首先我们来启动 Jupyter Notebook。打开 Anaconda Navigator，在 Anaconda Navigator 界面的 Applications on 下拉列表框中选择 tensorflow，启动该环境下的 Jupyter Notebook，如图 3-1 所示。

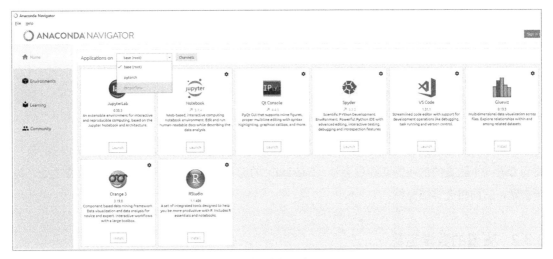

图 3-1　切换至虚拟环境 tensorflow

打开 Jupyter Notebook 之后，输入 import 语句，如果没有报错，就说明 TensorFlow 已经安装成功了。也可以在 Jupyter Notebook 查看 TensorFlow 的版本，如图 3-2 所示。

```
In [1]: # 导入 tensorflow
        import tensorflow as tf

        # 查看 tensorflow 版本
        print(tf.__version__)

        1.10.0
```

图 3-2　导入 TensorFlow 库并查看 TensorFlow 的版本

3.3 张量

3.3.1 张量的创建

我们在第 2 章中已经介绍了 PyTorch 中张量的定义。TensorFlow 里，我们同样可以定义任意阶数的张量。

```
>>> c0 = tf.constant(2, name='c0')                    # 0 阶 张量
>>> c1 = tf.constant([1, 2, 3], name='c1')            # 1 阶 张量
>>> c2 = tf.constant([[1, 2], [3, 4]], name='c2')     # 2 阶 张量
```

上面的代码中，我们定义了 c0、c1、c2 三种张量，它们都是常量。注意，TensorFlow 中可以使用 name 参数对张量指定名称，这样做的好处是方便在 TensorBoard 里查看张量。关于 TensorBoard，我们后面将会介绍。下面，使用 print 语句把这些张量打印出来。

```
>>> print(c0)
Tensor("c0:0", shape=(), dtype=int32)
>>> print(c1)
Tensor("c1:0", shape=(3,), dtype=int32)
>>> print(c2)
Tensor("c2:0", shape=(2, 2), dtype=int32)
```

我们发现，使用 print 语句打印一个张量只能打印出它的属性定义，并不能打印出它的值，要想查看一个张量的值还需要经过会话（Session）的运行，这正是 TensorFlow 的独特之处。关于会话，后面将会详细介绍。

3.3.2 张量的数学运算

TensorFlow 中的张量同样可以进行常规的数学运算，请看下面几个例子。

```
>>> a = tf.constant([[1, 2], [3, 4]], name='a')
>>> b = tf.constant([[5, 6], [7, 8]], name='b')
# 加法 add
>>> tf.add(a, b, name='add')
<tf.Tensor 'add:0' shape=(2, 2) dtype=int32>
# 减法 sub
>>> tf.subtract(a, b, name='sub')
<tf.Tensor 'sub:0' shape=(2, 2) dtype=int32>
# 对应元素相乘 multiply
>>> tf.multiply(a, b, name='multiply')
<tf.Tensor 'multiply:0' shape=(2, 2) dtype=int32>
```

```
# 矩阵相乘 matmul
>>> tf.matmul(a, b, name='matmul')
<tf.Tensor 'matmul:0' shape=(2, 2) dtype=int32>
```

通过 name 参数的设置，除了可以给张量命名之外，还可以给运算类型命名。TensorFlow 中，张量的数学运算和普通计算是不同的，保存的不是数值而是计算过程，需要在会话中计算结果。

3.4　数据流图

TensorFlow 是一个采用数据流图进行数值计算的深度学习框架，它的基本原理就是基于数据流图进行计算：首先在 Python 中定义一个用来计算的图，然后由 TensorFlow 使用这个图，并用优化过的 C++代码来执行计算。

例如，图 3-3 所示为一个表达式为 $f(a,b) = a^2 + ab + 2$ 的数据流图，这是一个简单的数据流图示例。

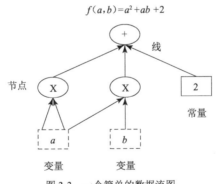

$$f(a,b)=a^2+ab+2$$

图 3-3　一个简单的数据流图

数据流图用节点（node）和线（edge）的有向图来描述数学计算。节点一般用来表示施加的数学操作，也可以表示数据输入的起点或输出的终点。线表示节点之间的输入/输出关系。这些线可以输运多维数组，也就是张量。训练模型时，张量会不断地从数据流图中的一个节点流（flow）到另一个节点，这就是 TensorFlow 名字的由来。一旦输入端的所有张量准备好，节点将被分配到各种计算设备进行异步并行的运算。

在图 3-3 中，椭圆和矩形都表示节点，椭圆代表数学操作，矩形代表输入，变量和常量都是张量。箭头表示连接节点的线。

我们在 3.3 节中介绍了如何在 TensorFlow 中创建张量，图 3-3 中的常量 2 可以通过以下代码创建：

```
>>> c = tf.constant(2, name='const')
```

注意，上面代码中使用 tf.constant()创建的张量都是常量，一旦创建后其中的值就不能改变了。

再来看图 3-3 中的变量，什么是变量？变量也是张量，特指深度学习机制中，控制输入到输出映射的可以变化的数据，这些变化数据随着训练迭代的进行，不断地改变数值，不断优化，使输出的结果越来越接近正确的结果。

TensorFlow 中定义变量的代码也很简单，例如对图 3-3 中的变量 a 和变量 b 进行定义，代码如下：

```
>>> a = tf.Variable(3, name='a')
>>> b = tf.Variable(4, name='b')
```

知道了常量和变量之后，图 3-3 的数据流图对应的代码可以写成：

```
c = tf.constant(2, name='const')
a = tf.Variable(3, name='a')
b = tf.Variable(4, name='b')
f = a*a + a*b +c
```

现在，我们已经定义了数据流图，并写出了对应的代码。需要注意的是，数据流图只是定义了模型，并没有执行代码。想要在 TensorFlow 里执行定义好的计算，就需要用到会话机制。

3.5 会话

对于图 3-3 所示的简单数据流图，我们可以使用下面的代码来创建一个会话并执行计算：

```
>>> sess = tf.Session()
>>> sess.run(a.initializer)
>>> sess.run(b.initializer)
>>> result = sess.run(f)
>>> print(result)
23
>>> sess.close()
```

其中，sess 就是我们创建的会话，变量 a 和 b 都必须进行初始化操作，最终打印出数据流图的计算结果 23。但是，上面的代码每次都需要重复运行 sess.run()，而且对话结束之后要关闭对话，操作有些烦琐，因此，可以使用另一种会话方式，代码如下：

```
with tf.Session() as sess:
    a.initializer.run()
    b.initializer.run()
    result = f.eval()
```

其中，f.eval()等价于 sess.run(f)。这种写法不仅可以增加程序的可读性，还可使会话在模块中的代码执行结束后自动关闭。但是，这种会话方式还有一个问题，就是每个变量都要单独进行初始化，解决的办法是使用 global_variables_initializer()函数来对所有的变量进行初始化。注意，这个初始化操作并不会立刻进行，它只是在图中创建了一个节点，这个节点会在会话执行时初始化所有变量。

```
init = tf.global_variables_initializer()      # 定义全局初始化节点

with tf.Session() as sess:
    init.run()                                # 初始化所有变量
    result = f.eval()
```

总结一下，一个 TensorFlow 程序通常可以分成两部分：第一部分用来构建一个数据流图，称为构建阶段；第二部分用来执行这个图，称为执行阶段。构建阶段通常会构建一个数据流图，这个图用来展现模型和训练所需的计算。执行阶段则重复地执行每一步训练动作，并逐步提升模型的性能。

上文介绍的这个例子中，输入是变量或者常量。在构建实际的深度学习模型时，变量通常用来表示模型的参数，而如果想要从外部传入数据，例如训练集，那就需要使用 TensorFlow 中的占位符来表示，写成 tf.placeholder()。

我们先来看一下使用占位符的简单例子。

```
# TensorFlow 中需要定义 placeholder 的 type, 一般为 float32
a = tf.placeholder(tf.float32, name='a')
b = tf.placeholder(tf.float32, name='b')
f = tf.multiply(a, b)

with tf.Session() as sess:
    print('Situation 1:\n', sess.run(f, feed_dict={a: [3.], b: [4.]}))
    print('Situation 2:\n',sess.run(f, feed_dict={a:[[1.,2.],[3.,4.]], b: [2.]}))
```

上面代码的运行结果如下：

```
Situation 1:
 [12.]
Situation 2:
 [[2. 4.]
 [6. 8.]]
```

通过使用占位符，我们在构建数据流图的时候就不需要指定 a 和 b 的值，甚至不需要指定它们的维度。在执行数据流图的时候，使用 fedd_dict 代入 a 和 b 的具体值。例如，在 Situation 1 中，令 a 和 b 都是浮点数；而在 Situation 2 中，令 a 为二维数组，b 为浮点数，这里用到了 Python 的广播机制。

由于使用占位符进行操作非常方便，在之后训练神经网络模型时，就要使用占位符来导入数据集。

3.6　线性回归的 TensorFlow 实现

介绍了 TensorFlow 的基本内容和语法后，本节将学习如何使用 TensorFlow 搭建一个简单的线性回归模型：$\hat{y} = w_0 + w_1 x$。

线性回归的基本原理已经在 2.6.1 小节中介绍过了，此处不再赘述。

1. 数据集

首先，我们要构造一些数据集：

```
x_train = np.linspace(-1, 1, 50)
y_train = 3*x_train+10+0.5*np.random.randn(x_train.shape[0])
```

原始的数据集中，y 是由直线 10+3x 加上一些随机噪声而得到的。原始数据的分布如图 3-4 所示。

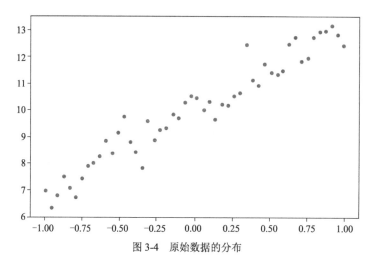

图 3-4　原始数据的分布

2. 输入节点

我们要对训练数据 x_train 和 y_train 创建输入节点，因为训练数据是从外部传入的数据，所以就需要使用 TensorFlow 中的占位符 placeholder() 来表示。

```
x = tf.placeholder(tf.float32, name='x')
y = tf.placeholder(tf.float32, name='y')
```

3. 变量节点

线性回归模型中的参数 w_1 和 w_0 是需要模型训练迭代优化的，它们属于变量，定义的同时需要设置初始化数值。

```
w1 = tf.Variable(tf.random_normal([1]), name='w1')
w0 = tf.Variable(tf.zeros([1]), name='w0')
```

上面的代码将从标准正态分布中产生一个随机浮点数作为 w_1 的初始值，w_0 则初始化为 0。

4. 线性模型和损失模型

线性模型可表示如下：

```
y_hat = w0 + w1 * x
```

对于线性回归，我们可以将均方误差（MSE）定义为其损失函数。在 TensorFlow 中，可直接使用 tf.reduce_mean() 来计算均方误差，代码如下：

```
loss = tf.reduce_mean(tf.square(y_hat - y))
```

5. 梯度下降优化器

与 PyTorch 一样，TensorFlow 也为我们提供了可直接调用的优化算法，例如最简单的梯度下降算法 tf.train. GradientDescentOptimizer()，同时可以设置梯度下降算法的学习率。

```
# 学习率设为 0.01
optimizer = tf.train.GradientDescentOptimizer(0.01)
train = optimizer.minimize(loss)
```

上面的代码就定义了一个梯度下降优化器 optimizer，学习率设为 0.01，并使用该优化器来最小化均方差 loss。

6. 初始化变量

上面的代码完成了数据流图的定义。接下来，就需要创建一个会话来初始化所有的变量，代码如下：

```
# 创建一个会话
sess = tf.Session()
# 初始化变量
init = tf.global_variables_initializer()
sess.run(init)
# 打印初始化的 w1 和 w0
print ("w1 =", sess.run(w1), "w0 =", sess.run(w0))
```

上面的代码中，我们初始化了变量 w_1 和 w_0，并使用 sess.run() 打印出变量的初始值。打印结果如下：

```
w1 = [0.6563988] w0 = [0.]
```

7. 模型训练

接下来进行训练模型，这是一个迭代的过程，此处选择迭代训练 500 次。

```
num_iter = 500
for i in range(num_iter):
    sess.run(train, {x: x_train, y: y_train})
    if (i+1) % 20 == 0:
        print('Iteration[{}/{}], loss: {:.6f}'.format(i+1,num_iter,sess.run(loss,{x:
x_train,y:y_train})))
```

上面的代码中，因为 x 和 y 是占位符，所以在会话运行阶段，需要给 x 和 y 提供数据，利用 **feed_dict** 的字典结构给它们"喂数据"。每一次迭代训练，变量 w_1 和 w_0 的数值都会被更新。

训练完成后，我们可以来查看参数 w_1 和 w_0 的数值。

```
>>> sess.run(w1)
array([3.1171415], dtype=float32)
>>> sess.run(w0)
array([9.997496], dtype=float32)
```

可见，训练后的 w_1=3.1171，w_0=9.9975，与构造数据时使用的直线 $y = 3x + 10$ 非常接近。

8. 模型测试

模型训练之后，可以利用求得的 w_1 和 w_0 计算每个样本的预测值 $\hat{y}$，得到拟合直线。可以通过绘图工具 Matplotlib 查看我们拟合的直线与原始数据的贴近程度，代码如下：

```
# 模型的预测输出
y_hat = sess.run(model, {x: x_train, y: y_train}) plt.scatter(x_train, y_train, label=
'原始数据')
plt.plot(x_train, y_hat, c='r', label='拟合直线')
# 显示图例
plt.legend()
plt.show()
```

其中，**y_hat** 就是模型的预测输出，最后显示的拟合直线如图 3-5 所示。

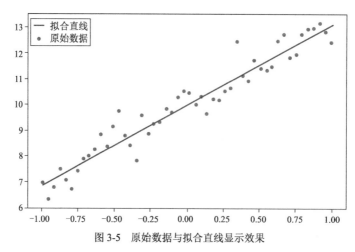

图 3-5　原始数据与拟合直线显示效果

可以看到，线性回归模型与原始数据拟合得非常好。

程序运行完毕，可以关闭对话并进行图复位，代码如下：

```
sess.close()                    # 关闭会话 Session
tf.reset_default_graph()        # 图复位
```

3.7　TensorBoard

本节将对 TensorBoard 进行简要介绍，并使用它来可视化 3.6 节介绍的线性回归模型。

TensorBoard 是 TensorFlow 的可视化工具，它可以通过 TensorFlow 程序运行过程中输出的日志文件对 TensorFlow 程序的运行状态进行可视化。TensorBoard 和 TensorFlow 程序运行在不同的进程中，TensorBoard 会自动读取最新的 TensorFlow 日志文件，并呈现当前 TensorFlow 程序的最新状态。简单地说，通过 TensorBoard，我们可以查看模型的数据流图、损失函数随迭代次数的变化等。

3.7.1　TensorBoard 代码

首先，为了更加清晰、有序地存储不同模型训练的日志文件，需要指定不同的目录。最简单的方式是用时间戳来命名日志文件夹，即把以下代码放在程序的开始部分：

```
from datetime import datetime

now = datetime.utcnow().strftime('%Y%m%d%H%M%S')
root_logdir = 'tf_logs'
logdir = '{}/ch03/run-{}'.format(root_logdir, now)
```

上述代码将使用时间戳来命名日志文件夹，精确到秒。根目录是 tf_logs，章节目录是 ch03，日志文件夹名类似 run-20190319062349。

然后，构造线性回归数据流图，代码如下：

```
x = tf.placeholder(tf.float32, name='x')
y = tf.placeholder(tf.float32, name='y')
w1 = tf.Variable(tf.random_normal([1]), name='w1')
w0 = tf.Variable(tf.zeros([1]), name='w0')
y_hat = w0 + w1 * x
loss = tf.reduce_mean(tf.square(y_hat - y))
optimizer = tf.train.GradientDescentOptimizer(0.01)
train = optimizer.minimize(loss)
```

构造数据流图之后，需要对 TensorBoard 进行设置，代码如下：

```
loss_summary = tf.summary.scalar('loss', loss)
```

```
file_writer = tf.summary.FileWriter(logdir, tf.get_default_graph())
```

上述代码中，第一行语句给损失模型的输出添加 scalar，用于观察 loss 的收敛曲线；第二行语句将模型运行产生的所有数据保存到日志文件夹供 TensorBoard 使用。

最后，定义会话，代码如下：

```
init = tf.global_variables_initializer()
sess = tf.Session()
sess.run(init)

num_iter = 500
for i in range(num_iter):
    # 训练时传入 loss_summary
    summary, _ = sess.run([loss_summary, train], {x: x_train, y: y_train})
    # 收集每次训练产生的数据
    file_writer.add_summary(summary, i)
    if (i+1) % 20 == 0:
        print('Iteration[{}/{}], loss: {:.6f}'.format(i+1,num_iter,sess.run(loss,
{x:x_train,y:y_train})))
```

注意，上述代码在 3.6 节对应代码的基础上添加了一些内容。训练的时候，需要传入 loss_summary，并且使用 file_writer.add_summary() 来收集每次训练产生的数据，用来绘制 loss 的收敛曲线。

3.7.2　TensorBoard 显示

运行调用 TensorBoard 所编写的代码之后，程序就保存了本次的日志文件，可以在 tf_logs/ch03/目录下看到。每次修改模型结构并重新运行，都会产生新的日志文件。

那么，如何打开 TensorBoard 并可视化数据流图和 loss 收敛曲线呢？很简单，下面以 Windows 操作系统为例，介绍打开 TensorBoard 的方法。

我们已经安装了 Anaconda，打开 Anaconda Prompt，输入以下命令，进入虚拟环境 tensorflow：

```
> activate tensorflow
```

然后，使用 cd 命令切换到当前程序所在的目录，输入以下命令：

```
> tensorboard --logdir tf_logs/
```

运行上述命令之后，Anaconda Prompt 中会显示类似下面的信息：

```
TensorBoard 1.10.0 at http://AB-201810292038:6006 (Press CTRL+C to quit)
```

其中，http://AB-201810292038:6006 就是 TensorBoard 的服务器地址。最后，复制这个网址，粘贴在浏览器中，就可以成功启动 TensorBoard，如图 3-6 所示。

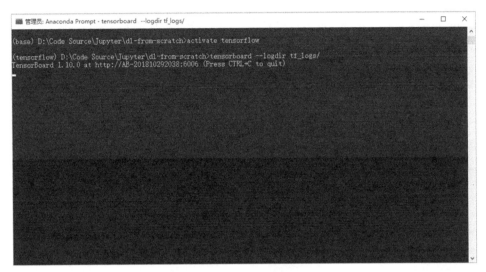

图 3-6　启动 TensorBoard

　　启动 TensorBoard 后，就可在浏览器中打开 TensorBoard。TensorBoard 的菜单栏里有 SCALARS 和 GRAPHS 两个选项。SCALARS 显示的是 loss 收敛曲线，TensorBoard 默认打开的就是 SCALARS，如图 3-7 所示。对于 loss 收敛曲线，横坐标是迭代次数，纵坐标是均方根误差。随着迭代次数增加，loss 不断减小，表明整个训练过程是正确的、有效的。

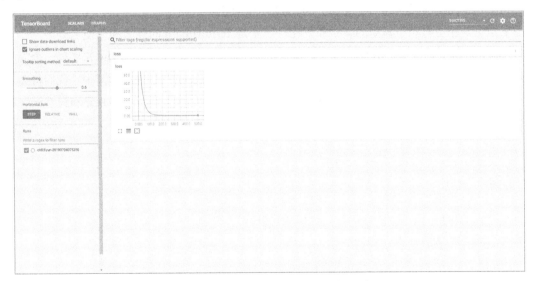

图 3-7　TensorBoard SCALARS 选项的界面

　　因为我们只运行了一次程序，所以只有一个日志文件。若有多个日志文件，可直接在

TensorBoard 左侧复选框中选择不同的日志文件，可自动显示对应的 loss 收敛曲线。

单击菜单栏的 GRAPHS 选项，TensorBoard 就会显示线性回归模型的数据流图，如图 3-8 所示。

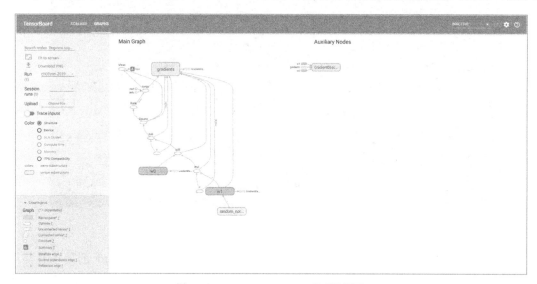

图 3-8　TensorBoard GRAPHS 选项的界面

通过数据流图，我们可以清晰地看到整个线性回归模型的结构，包括对应的节点和线，例如模型输入 x 和 y，以及参数 w_1 和 w_0。实际应用中，对于复杂的神经网络模型，在 TensorBoard 上查看数据流图更有利于模型的调试和优化，这正是 TensorBoard 的强大和方便之处。

至此，我们已经介绍了 TensorFlow 的基本用法，以及如何使用 TensorFlow 来实现一个简单的线性回归模型，并且讲解了如何使用 TensorBoard。本书后面的神经网络章节中，我们将会学习更多、更重要的与 TensorFlow 有关的知识，并使用它来处理更复杂的机器视觉和自然语言处理问题。

第 4 章

神经网络基础知识

在正式介绍神经网络之前，先来了解一些神经网络的基础知识。本章首先介绍最简单的感知机，然后介绍多层感知机，最后讲解逻辑回归。这些内容比较基础，但非常重要，掌握这些内容能够帮助我们更好地理解神经网络。

4.1 感知机

感知机（perceptron）是由美国学者 Frank Rosenblatt 于 1957 年提出的。感知机是一种最简单的线性二分类模型，是神经网络的基础。

4.1.1 感知机模型

感知机的基本结构如图 4-1 所示。

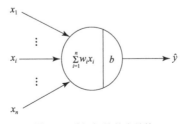

图 4-1 感知机的基本结构

图 4-1 中，$x_1, \cdots, x_i, \cdots, x_n$ 是感知机的输入，维度为 n；$\hat{y}$ 是感知机的输出，且只有 0 和 1 两

种状态；w_i 是权重参数；b 是偏置参数。图中的○表示神经元（neuron）。当输入信号 x 进入神经元时，与对应权重 w 相乘。神经元计算所有输入信号的加权和之后，与固定偏置参数 b 做比较。当总和大于 b 时，输出 $\hat{y}=1$；当总和小于等于 b 时，输出 $\hat{y}=0$。

感知机的原理可以用数学公式表示为：

$$\hat{y} = \begin{cases} 1, & \sum_{i=1}^{n} w_i x_i > b \\ 0, & \sum_{i=1}^{n} w_i x_i \leqslant b \end{cases} \tag{4-1}$$

其实，感知机的原理很好理解。它就像一个大脑神经元，神经元通路有一个阈值，当输入信号的加权和大于这个阈值时，神经元通路打开，输出为 1，否则输出为 0。本书第 5 章要介绍的神经网络就是由很多这样的神经元结构组成。

对式（4-1）进行移项处理，将偏置 b 移到不等式左边，得到 $-b$。但是，因为 b 是常数，变换正负号对最终得到的值并无影响。因此，我们还是用 b 来代替 $-b$，可表示为：

$$\hat{y} = \begin{cases} 1, & \sum_{i=1}^{n} w_i x_i + b > 0 \\ 0, & \sum_{i=1}^{n} w_i x_i + b \leqslant 0 \end{cases} \tag{4-2}$$

解决线性二分类问题时，式（4-2）更容易理解，只需比较 $\sum_{i=1}^{n} w_i x_i + b$ 与 0 的关系，当其大于 0 时，预测输出 $\hat{y}=1$，即正类；当其小于等于 0 时，预测输出 $\hat{y}=0$，即负类。

4.1.2　感知机与逻辑电路

了解感知机的模型和原理后，下面介绍一个简单的二输入的感知机。

图 4-2 所示为一个二输入的感知机模型。其中，x_1 和 x_2 是输入信号，$\hat{y}$ 是输出信号。模型参数是 w_1、w_2 和 b。

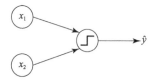

图 4-2　二输入的感知机模型

这个二输入的感知机模型可以用来解决线性二分类问题。下面以逻辑电路中的与门（AND）、或门（OR）为例，来讲解感知机模型是如何实现这些功能的。

1. 与门

逻辑电路中的与门是一种最基本的电路结构之一。对于二输入与门，只有当两个输入都为 1 的时候，输出才为 1；任意一个输入为 0，则输出为 0。二输入与门的真值表如表 4-1 所示。

表 4-1　二输入与门真值表

x_1	x_2	y
0	0	0
0	1	0
1	0	0
1	1	1

那么，如何使用感知机来实现与门呢？需要做的就是找出能够满足表 4-1 的参数 w_1、w_2 和 b。

首先，在二维平面上选择满足表 4-1 的四个点，用"+"来表示输出 1，用"–"来表示输出 0。

如图 4-3 所示，坐标为(0,0)、(0,1)、(1,0)的三个点表示负类，坐标为(1,1)的点表示正类。显然，这四个点是线性可分的。在感知机模型中，令参数 w_1=1、w_2=1、b=−1.5，根据式（4-2）可得到：

$$\hat{y} = \begin{cases} 1, & x_1 + x_2 - 1.5 > 0 \\ 0, & x_1 + x_2 - 1.5 \leqslant 0 \end{cases} \tag{4-3}$$

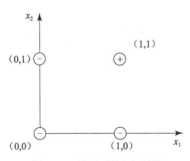

图 4-3　二维平面的与门逻辑

由式（4-3）确定的分类直线为 $x_1 + x_2 - 1.5 = 0$，效果如图 4-4 所示。

可见，与门逻辑可以用感知机模型来实现。感知机实现与门逻辑的模型及参数如图 4-5 所示。

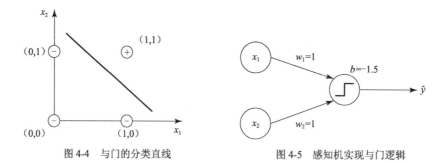

图 4-4　与门的分类直线　　　　　　图 4-5　感知机实现与门逻辑

2. 或门

对于二输入或门，只有当两个输入都为 0 的时候，输出才为 0；任意一个输入为 1，则输出为 1。二输入或门的真值表如表 4-2 所示。

表 4-2　二输入或门真值表

x_1	x_2	y
0	0	0
0	1	1
1	0	1
1	1	1

下面使用感知机模型来实现或门，即找出能够满足表 4-2 的参数 w_1、w_2 和 b。

首先，同样在二维平面上选择满足表 4-2 的四个点，用 "+" 来表示输出 1，用 "−" 来表示输出 0。

如图 4-6 所示，坐标为 $(0,0)$ 的点表示负类，坐标为 $(1,0)$、$(0,1)$、$(1,1)$ 的点表示正类。显然，这四个点是线性可分的。在感知机模型中，令参数 $w_1 = 1$、$w_2 = 1$、$b = -0.5$，根据式（4-2）可得到：

$$\hat{y} = \begin{cases} 1, & x_1 + x_2 - 0.5 > 0 \\ 0, & x_1 + x_2 - 0.5 \leqslant 0 \end{cases} \tag{4-4}$$

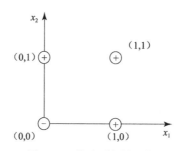

图 4-6　二维平面的或门逻辑

由式（4-4）确定的分类直线为 $x_1 + x_2 - 0.5 = 0$，效果如图 4-7 所示。

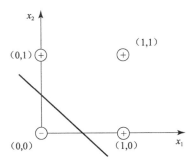

图 4-7　或门的分类直线

或门逻辑也可以用感知机模型来实现。感知机实现或门逻辑的模型及参数如图 4-8 所示。

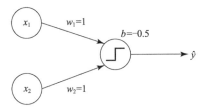

图 4-8　感知机实现或门逻辑

4.2　多层感知机

4.1 节中已经介绍了逻辑电路中的与门和或门，以及如何使用线性感知机模型实现相应的与门逻辑和或门逻辑。对于稍微复杂一点的逻辑电路，线性感知机是无法处理的，此时就需要使用多层感知机。

4.2.1　感知机的局限性

对于二输入异或门，当两个输入相同的时候，输出为 0；当两个输入不同的时候，则输出为 1。二输入异或门的真值表如表 4-3 所示。

表 4-3　二输入异或门真值表

x_1	x_2	y
0	0	0
0	1	1
1	0	1
1	1	0

首先，在二维平面上选择满足表 4-3 的四个点，用"+"来表示输出 1，用"−"来表示输出 0，如图 4-9 所示。

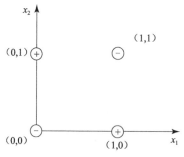

图 4-9　二维平面的异或门逻辑

如果只使用一个感知机模型，则无法找到合适的参数 w_1、w_2、b，也就无法将四个点完全分类正确。也就是说，只使用一个感知机模型无法在二维平面上找到一条直线进行完全正确的分类，这就是感知机的局限性。这是一个非线性问题，如图 4-10 所示。

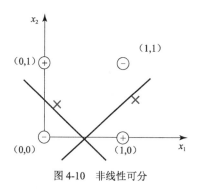

图 4-10　非线性可分

对于非线性可分的异或门逻辑，单个感知机模型就无法实现了。那么，如何处理这种非线性的异或门逻辑呢？答案就是使用多层感知机。

4.2.2 多层感知机实现异或门逻辑

我们知道异或门可以由与门和或门搭建,它的逻辑电路表达式可以写成:

$$Y = A\overline{B} + \overline{A}B \tag{4-5}$$

式中,A 和 B 为异或门的两个输入信号,$\overline{A}$ 和 $\overline{B}$ 分别为 A 和 B 的非。根据式(4-5),一个异或门可以拆分成两个步骤来实现:第一步计算 A 和 $\overline{B}$ 的与,以及 $\overline{A}$ 和 B 的与;第二步再计算第一步中两个值的或。

从感知机的角度来看,第一步可以使用两个与门逻辑的感知机来实现,第二步可以使用一个或门逻辑的感知机来实现。异或门逻辑电路由两层感知机构成。两层感知机实现异或门逻辑的模型及参数如图 4-11 所示。

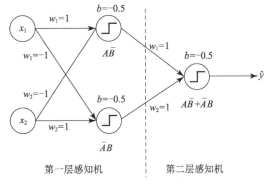

图 4-11 两层感知机实现异或门逻辑

图 4-11 包含了两层感知机:第一层有两个感知机,分别实现与门 $A\overline{B}$ 和 $\overline{A}B$,相应的参数已经显示在图中了;第二层只有一个感知机,实现或门 $A\overline{B} + \overline{A}B$。将表 4-3 的输入信号代入进行验证,会发现输出信号 $\hat{y}$ 的值与异或门真值表的数值完全相符。也就是说,通过使用两层感知机,成功实现了异或逻辑,实现了非线性划分。

两层感知机可实现对非线性异或逻辑的划分,得到的分类线不再是一条直线,而是一条曲线,如图 4-12 所示。

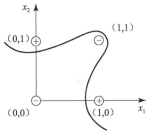

图 4-12 非线性分类曲线

通过以上的实验，我们发现两层感知机可以实现非线性分类问题。一般情况下，感知机层数越多，分类能力就越强。计算机芯片是由大量基本的逻辑电路（与门、或门、异或门等）组成的，如此复杂的芯片其实也可以看成是由非常多、非常复杂、非常多层的感知机组成。感知机通过叠加能够进行非线性的表示，从而进一步进行复杂的运算和处理。

这种多层感知机结构与第 5 章将要介绍的神经网络结构非常相似。图 4-11 展示的两层感知机模型的结构与两层神经网络的结构基本一样。其实，神经网络就是由多层感知机发展并优化而来的，这也就不难理解为什么神经网络可以实现非常复杂的非线性分类问题。

4.3 逻辑回归

感知机是神经网络的基础，多层感知机与神经网络非常相似。逻辑回归模型可以看成感知机模型的优化，也可以看成一种最简单、最基本的神经网络模型。可以说，逻辑回归是感知机到神经网络的一个很好的过渡和链接。

本节将介绍逻辑回归的基本原理，并使用 Python 搭建逻辑回归模型，解决一个二分类问题。

4.3.1 基本原理

我们之前介绍过感知机模型，如图 4-1 所示。它的结构实际上可以分成两个部分：首先计算线性值 $s = \sum_{i=1}^{n} w_i x_i + b$；然后对 s 进行判断，大于 0 则预测为正类，小于 0 则预测为负类。对 s 进行判断的过程是由一个非线性的阶跃函数实现的，如图 4-13 所示。

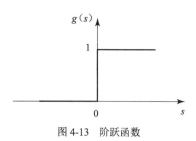

图 4-13 阶跃函数

图 4-13 表示的是一个阶跃函数，横坐标 s 表示感知机线性输出，纵坐标 $g(s)$ 为阶跃函数，表示感知机的非线性输出。$g(s)$ 的表达式为：

$$g(s) = \begin{cases} 1, & s > 0 \\ 0, & s \leqslant 0 \end{cases} \tag{4-6}$$

但是，阶跃函数有个缺点，既在 $s=0$ 处是不可导的，无法计算梯度，也就无法使用梯度下降算法来确定模型参数 w_i 和 b。为了让模型简单化，我们可以修改阶跃函数 $g(s)$，让它变得光滑一些，方法就是使用 Sigmoid 函数。

如图 4-14 所示，使用 Sigmoid 函数后，曲线平滑了很多，它的表达式为：

$$g(s) = \frac{1}{1+e^{-s}} \tag{4-7}$$

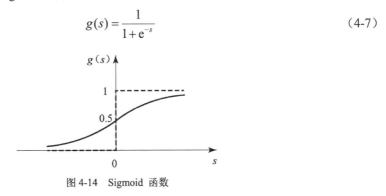

图 4-14　Sigmoid 函数

Sigmoid 函数的特点主要体现在三个方面：

- $s=0$：$g(s)=0.5$。
- $s>0$：$g(s)>0.5$。
- $s<0$：$0<g(s)<0.5$。

Sigmoid 函数数值被限定在 $(0,1)$ 之间，可以看成预测正类的概率。当 $s>0$ 时，概率 $g(s)>0.5$，则可以预测为正类，且越接近 1，表示实际为正类的可能性就越大；当 $s\leqslant0$ 时，概率 $0<g(s)\leqslant0.5$，则可以预测为负类，且越接近 0，表示实际为负类的可能性就越大。

使用 Sigmoid 函数代替阶跃函数，不仅让函数连续，可利用梯度下降算法，而且引入了概率来表示预测为正类的把握有多大。最终预测分类的时候，就可以根据 Sigmoid 函数的值进行判断，大于 0.5 预测为正类，小于 0.5 预测为负类。

也就是说，用 Sigmoid 函数代替感知机模型中的阶跃函数，这就是逻辑回归模型。

4.3.2　损失函数

逻辑回归模型最后经过 Sigmoid 函数，输出一个概率值，这个概率值反映了预测为正类的可能性，概率越大，可能性越大。我们用预测输出 $\hat{y}$ 代替 $g(s)$ 可以得到：

$$\hat{y} = P(y=1\,|\,x) \tag{4-8}$$

式中，$\hat{y}$ 表示当前样本为正类（$y=1$）的概率。反之，如果当前样本为负类（$y=0$），概率就可以表示为

$$1 - \hat{y} = P(y = 0 \mid x) \tag{4-9}$$

我们可以把当前样本为正类和当前样本为负类两种概率整合在一个等式中：

$$P(y \mid x) = \hat{y}^{y} \cdot (1 - \hat{y})^{1-y} \tag{4-10}$$

当真实样本为正类（$y = 1$）时，将 $y = 1$ 代入式（4-10），乘积第二项为 1，化简后就得到了式（4-8）；当真实样本为负类（$y = 0$）时，将 $y = 0$ 代入式（4-10），乘积第一项为 1，化简后就得到了式（4-9）。因此，式（4-10）是式（4-8）和（4-9）的整合。

无论是预测正类还是预测负类，我们都希望 $P(y \mid x)$ 越大越好。因此，下一步的目标就是最大化式（4-10）。因为式（4-10）包含了指数，不太便于计算，所以引入 log 函数，而 log 运算并不会影响函数本身的单调性，可以得到：

$$\log(P(y \mid x)) = y \log \hat{y} + (1 - y) \log(1 - \hat{y}) \tag{4-11}$$

现在，目标是最大化 $\log(P(y \mid x))$。通常情况下，我们习惯将最大化问题转换为最小化问题，如何转换呢？很简单，只要在式（4-11）两边加上负号就可以了，即：

$$-\log(P(y \mid x)) = -[y \log \hat{y} + (1 - y) \log(1 - \hat{y})] \tag{4-12}$$

式（4-12）就是我们最终的目标，即最小化 $-\log(P(y \mid x))$。通常把 $-\log(P(y \mid x))$ 称为损失函数，一般用 L 来表示：

$$L = -[y \log \hat{y} + (1 - y) \log(1 - \hat{y})] \tag{4-13}$$

式（4-13）表示的损失函数就是交叉熵损失，实际反映了真实标签 y 与预测值 $\hat{y}$ 之间的差距。接下来，我们从图形的角度分析交叉熵函数，以加深理解。

当 $y = 1$ 时：

$$L = -\log \hat{y} \tag{4-14}$$

此时，L 与 $\hat{y}$ 的关系如图 4-15 所示。

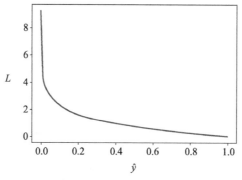

图 4-15　$y = 1$ 时的损失函数曲线

图 4-15 对应的是真实样本标签 $y = 1$ 的情况。由图 4-15 可以看出，预测概率 $\hat{y}$ 越接近 1，损失函数 L 越小；预测概率 $\hat{y}$ 越接近 0，损失函数 L 越大，而且上升得非常快。同样，损失函数的变化趋势完全符合我们的预期。

当 $y = 0$ 时：

$$L = -\log(1 - \hat{y}) \tag{4-15}$$

此时，L 与 $\hat{y}$ 的关系如图 4-16 所示。

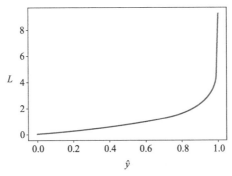

图 4-16　$y = 0$ 时的损失函数曲线

图 4-16 对应的是真实样本标签 $y = 0$ 的情况。由图 4-16 可以看出，预测概率 $\hat{y}$ 越接近 0，损失函数 L 越小；预测概率 $\hat{y}$ 越接近 1，损失函数 L 越大，而且上升得非常快。同样，损失函数的变化趋势完全符合我们的预期。

式（4-13）表示的是单个样本的损失函数，如果是 m 个样本，则所有样本的损失函数的平均数称为代价函数，一般用 J 表示：

$$J = -\frac{1}{m} \sum_{i=1}^{m} y^{(i)} \log \hat{y}^{(i)} + (1 - y^{(i)}) \log(1 - \hat{y}^{(i)}) \tag{4-16}$$

式中，上标 (i) 表示第 i 个样本。

总体来说，逻辑回归的目标就是最小化代价函数 J，并计算出此时对应的模型参数 w 和 b。那么，如何最小化 J 呢？一般的方法就是采用下面将会介绍的梯度下降算法。

4.3.3　梯度下降算法

1. 原理

梯度下降算法是一种最基本、最重要的优化算法，它在各种机器学习算法、神经网络算法中尤为重要。

什么是梯度下降算法？我们先来看一下梯度下降算法的直观解释：假设我们位于某个山峰的山腰处，周围山势连绵不绝。我们想下山却不知道怎么下山，于是决定每次在当前位置最陡峭的地方向最容易下山的方向前进一小步，然后继续在下一个位置最陡峭的地方向最容易下山的方向前进一小步。这样一步一步走下去，一直走到我们自认为已经到了山脚。这个过程中，下山的方向就是梯度的负方向。

首先理解什么是梯度。通俗来说，梯度就是某一个函数在该点处的方向导数沿着该方向取得的最大值，即函数在当前位置的导数。梯度既有方向也有大小，是一个矢量。梯度的数学表达式为：

$$\nabla f(\theta) = \frac{\mathrm{d}f(\theta)}{\mathrm{d}\theta} \tag{4-17}$$

式中，θ 是自变量；$f(\theta)$ 是关于 θ 的函数；$\nabla f(\theta)$ 表示梯度。了解了梯度之后，就可以使用梯度下降算法来计算 $f(\theta)$ 的最小值对应的自变量参数 θ。梯度下降算法的公式为

$$\theta = \theta_0 - \eta \cdot \nabla f(\theta_0) \tag{4-18}$$

式中，θ_0 是当前位置的坐标；η 是下山过程中每次前进的一小步，是一个标量；θ 是更新后的 θ_0，即移动一小步之后的位置。

梯度下降算法的公式非常简单，但是其本质到底是什么呢？为什么局部下降最快的方向就是梯度的负方向呢？接下来，详细介绍梯度下降算法公式的数学推导过程。

对梯度下降算法公式进行推导之前，需要对泰勒展开式有些了解。简单来说，泰勒展开式利用的就是函数的局部线性近似这个概念。下面以一阶泰勒展开式为例：

$$f(\theta) \approx f(\theta_0) + (\theta - \theta_0)\nabla f(\theta_0) \tag{4-19}$$

下面利用图形解释一阶泰勒展开式，如图 4-17 所示。

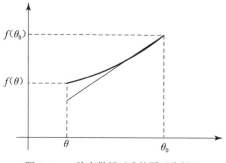

图 4-17 一阶泰勒展开式的图形化解释

凸函数 $f(\theta)$ 在区间 $[\theta, \theta_0]$ 的图形如图 4-17 中的曲线所示，$f(\theta)$ 在 $\theta = \theta_0$ 处的梯度方向如图 4-17 中的直线所示。当区间 $[\theta, \theta_0]$ 很小时，曲线可近似由直线代替，此时，可以利用线性近

似的思想求出 $f(\theta)$。直线的斜率等于 $f(\theta)$ 在 θ_0 处的梯度，根据直线方程很容易得到 $f(\theta)$ 的近似表达式：

$$f(\theta) \approx f(\theta_0) + (\theta - \theta_0)\nabla f(\theta_0) \qquad (4\text{-}20)$$

以上就是一阶泰勒展开式的推导过程，主要的数学思想就是曲线函数的线性拟合近似。

了解了一阶泰勒展开式的推导过程之后，我们来看一下梯度下降算法是如何推导的。式（4-20）中，$(\theta - \theta_0)$ 是微小矢量，它的大小就是步进长度 η，类比于下山过程中每次前进的一小步，为标量。$(\theta - \theta_0)$ 的单位向量用 v 表示，则 $(\theta - \theta_0)$ 可表示为：

$$\theta - \theta_0 = \eta v \qquad (4\text{-}21)$$

替换之后，式（4-20）就变成了：

$$f(\theta) \approx f(\theta_0) + \eta v \cdot \nabla f(\theta_0) \qquad (4\text{-}22)$$

局部下降的目的是希望每次 θ 更新时，都能让函数值 $f(\theta)$ 变小。也就是说，式（4-22）中，我们希望 $f(\theta) < f(\theta_0)$，则有：

$$f(\theta) - f(\theta_0) \approx \eta v \cdot \nabla f(\theta_0) < 0 \qquad (4\text{-}23)$$

因为 η 是标量，且一般设定为正值，所以式（4-23）中的不等式就可以转换成：

$$v \cdot \nabla f(\theta_0) < 0 \qquad (4\text{-}24)$$

式（4-24）非常重要。v 和 $\nabla f(\theta_0)$ 都是向量，$\nabla f(\theta_0)$ 是当前位置的梯度方向，v 表示下一步前进的单位向量，知道了 v，就能根据式（4-21）求解出 θ 了。

想要使两个向量的乘积小于零，我们先来看一下两个向量的乘积包含哪几种情况，如图4-18 所示。

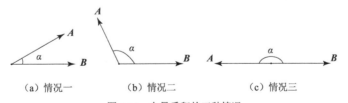

（a）情况一　　　　（b）情况二　　　　（c）情况三

图4-18　向量乘积的三种情况

A 和 B 均为向量，α 为两个向量之间的夹角，A 和 B 的矢量乘积为：

$$A \cdot B = \| A \| \cdot \| B \| \cdot \cos\alpha \qquad (4\text{-}25)$$

可见，只要 $\cos\alpha = -1$，即 A 和 B 完全反向，就能让 A 和 B 的向量乘积最小（负最大值），对应图4-18（c）。

同样地，当 v 与 $\nabla f(\theta_0)$ 互为反向，即 v 为当前梯度 $\nabla f(\theta_0)$ 的负方向的时候，能让 $v \cdot \nabla f(\theta_0)$ 最小化，也就保证了 v 的方向是局部下降最快的方向。确定 v 是 $\nabla f(\theta_0)$ 的反方向后，可得：

$$v = -\frac{\nabla f(\theta_0)}{\|\nabla f(\theta_0)\|} \tag{4-26}$$

式中，之所以要除以 $\nabla f(\theta_0)$ 的模 $\|\nabla f(\theta_0)\|$，是因为 v 是单位向量。求出最优解 v 之后，代入式 （4-21）中，就得到 θ 的解：

$$\theta = \theta_0 - \eta \cdot \frac{\nabla f(\theta_0)}{\|\nabla f(\theta_0)\|} \tag{4-27}$$

一般来说，因为 $\|\nabla f(\theta_0)\|$ 是标量，可以并入步进因子 η 中，则式（4-27）可以简化为

$$\theta = \theta_0 - \eta \cdot \nabla f(\theta_0) \tag{4-28}$$

至此，梯度下降算法公式的推导结束，我们得到了梯度下降算法中 θ 的更新表达式。

2. 求导

在详细推导完梯度下降的计算公式之后，下面来计算逻辑回归模型中参数 W 和 b 的梯度表达式。

我们之前介绍过，计算逻辑回归的代价函数实际上包含了以下三个过程：

$$\begin{cases} Z = W^T X + b \\ \hat{Y} = \dfrac{1}{1 + e^{-Z}} \\ J = -\dfrac{1}{m} \sum_{i=1}^{m} y^{(i)} \log \hat{y}^{(i)} + (1 - y^{(i)}) \log(1 - \hat{y}^{(i)}) \end{cases} \tag{4-29}$$

其中，X、Z、$\hat{y}$ 都是二维矩阵，有 m 个样本。

首先，我们根据式（4-29）分别计算各自的偏导数：

$$\frac{\partial J}{\partial \hat{Y}} = -(\frac{Y}{\hat{Y}} - \frac{1 - Y}{1 - \hat{Y}}) \tag{4-30}$$

$$\frac{\partial \hat{Y}}{\partial Z} = \hat{Y}(1 - \hat{Y}) \tag{4-31}$$

然后，根据式（4-30）和（4-31），我们就可以很容易地得到 J 对参数 W 和 b 的偏导数：

$$\begin{cases} \dfrac{\partial J}{\partial W} = \dfrac{\partial J}{\partial \hat{Y}} \cdot \dfrac{\partial \hat{Y}}{\partial Z} \cdot \dfrac{\partial Z}{\partial W} = \dfrac{1}{m} X(\hat{Y} - Y)^T \\ \dfrac{\partial J}{\partial b} = \dfrac{\partial J}{\partial \hat{Y}} \cdot \dfrac{\partial \hat{Y}}{\partial Z} \cdot \dfrac{\partial Z}{\partial b} = \dfrac{1}{m} \sum_{i=1}^{m} (\hat{y}^{(i)} - y^{(i)}) \end{cases} \tag{4-32}$$

至此，我们已经得到了逻辑回归模型中参数 W 和 b 的梯度表达式。

计算得到 J 对参数 W 和 b 的偏导数之后，根据梯度下降算法式（4-28），就能得到 W 和 b 的更新公式：

$$\begin{cases} \boldsymbol{W} = \boldsymbol{W} - \eta \cdot \dfrac{\partial J}{\partial W} \\ b = b - \eta \cdot \dfrac{\partial J}{\partial b} \end{cases} \tag{4-33}$$

式（4-33）就是逻辑回归中梯度下降算法参数的更新公式。至此，已经完成了梯度下降算法参数更新公式的推导。

4.3.4 逻辑回归的 Python 实现

介绍了逻辑回归的基本原理、损失函数、梯度下降算法之后，本小节将进入逻辑回归的实战部分，我们将使用 Python 来构建一个逻辑回归模型，解决实际的二分类问题。

1. 准备数据

首先，我们需要一个二分类的数据集。Python 有一个机器学习库 Scikit-Learn，自带了很多数据集，可以直接使用。Scikit-Learn 与 NumPy 类似，一般在安装 Anaconda 时就自动安装了，无须手动安装。

下面的代码可以直接调用相应的库函数来实现使用 Scikit-Learn 构造一个月牙形的数据集。

```
import sklearn.datasets

np.random.seed(1)    # 设置随机种子

# 导入 make_moon 数据集, 样本个数 m=200, 噪声标准差为 0.2
X, Y = sklearn.datasets.make_moons(n_samples=200, noise=.2)

# X shape: [2,200], Y shape: [1,200]
X, Y = X.T, Y.reshape(1, Y.shape[0])

# 负类
plt.scatter(X[0, Y[0,:]==0], X[1, Y[0,:]==0], c='r', marker='s')

# 正类
plt.scatter(X[0, Y[0,:]==1], X[1, Y[0,:]==1], c='b', marker='o')
plt.show()
```

上述代码中，样本个数 $m = 200$，正负样本各占 100，噪声标准差为 0.2。运行程序，二维平面上二分类数据集的分布如图 4-19 所示。

图 4-19 中，正方形散点表示负类，圆形散点表示正类。正、负类各包含 100 个样本点。

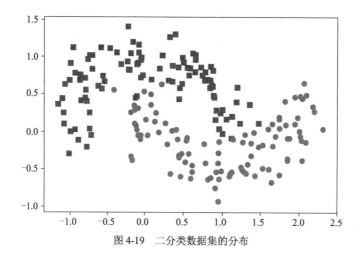

图 4-19 二分类数据集的分布

2. 构建梯度下降算法

接下来，构建逻辑回归的梯度下降算法。首先，我们需要定义 Sigmoid 函数。

```
def sigmoid(x):
    """
    函数输入:
        - x: sigmoid 函数输入
    函数输出:
        - y: sigmoid 函数输出
    """

    y = 1 / (1 + np.exp(-x))

    return y
```

然后，定义整个梯度下降算法：

```
def optimizer(X, Y, num_iterations=200, learning_rate=0.01):
    """
    函数输入:
        - X: 输入数据特征，维度 = (dim, m)
        - Y: 输入数据标签，维度 = (1, m)
        - num_iteration: 训练次数
        - learning_rate: 学习速率
    函数输出:
        - W: 训练后的权重参数
        - b: 训练后的偏置参数
        - cost: 每次训练计算的损失存放在 cost 列表中
    """

    cost = []          # 列表，存放每次训练的损失
    m = X.shape[1]     # 样本个数
```

```
    dim = X.shape[0]                        # 特征维度

    # 参数初始化
    W = np.zeros((dim, 1))
    b = 0

    # 迭代训练
    for i in range(num_iterations):
        Z = np.dot(W.T, X) + b              # 线性部分
        Y_hat = sigmoid(Z)                  # 非线性部分
        J = -1.0 / m * np.sum(Y * np.log(Y_hat) + (1 - Y) * np.log(1 - Y_hat))  # 代价函数
        cost.append(J)

        # 梯度下降
        dW = 1.0 / m * np.dot(X, (Y_hat - Y).T)
        db = 1.0 / m * np.sum(Y_hat - Y)
        W = W - learning_rate * dW          # W 更新公式
        b = b - learning_rate * db          # b 更新公式

        if (i+1) % 20 == 0:
            print('Iteration: %d, J = %f' % (i+1, J))

    return W, b, cost
```

上面代码中，参数 num_iterations 表示训练次数，默认设置为 200 次；参数 learning_rate 表示学习率，默认设置为 0.01。J 表示代价函数，dW 和 db 分别表示参数 W 和 b 的梯度，cost 存储的是每次迭代训练时的损失函数。

3. 训练

完成梯度下降算法的定义后，开始训练模型。训练模型很简单，调用 optimizer 函数即可完成，本例设置迭代次数为 1000，学习率为 0.1。

```
W, b, cost = optimizer(X, Y, num_iterations=1000, learning_rate=0.1)
```

训练结束后，得到最终的参数 W 和 b。我们可以将损失函数随着迭代次数的变化而发生的变化绘制出来，如图 4-20 所示。

```
plt.plot(cost)
plt.xlabel('迭代次数')
plt.ylabel('损失函数')
plt.show()
```

很明显，随着迭代次数的增加，损失函数是逐渐减小的。当迭代次数达到 500 时，损失函数接近最小值。由损失函数的变化趋势可以看出，整个训练过程是有效的。

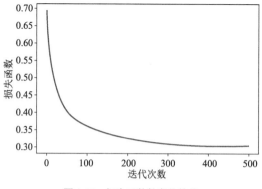

图 4-20　损失函数的变化趋势

4. 预测

模型训练完成之后，就要使用该逻辑回归模型对数据集进行分类，评估模型的性能。首先，定义预测函数：

```
def predict(X, W, b):
    """
    函数输入：
        - X：输入数据特征，维度 = (dim, m)
        - W：训练后的权重参数
        - b：训练后的偏置参数
    函数输出：
        - Y_pred：预测输出标签，维度 = (1, m)
    """

    Y_pred = np.zeros((1, X.shape[1]))        # 初始化 Y_pred

    Z = np.dot(W.T, X) + b                    # 线性部分
    Y_hat = sigmoid(Z)                        # 非线性部分
    Y_pred[Y_hat > 0.5] = 1                   # Y_hat 大于 0.5 的预测为正类

    return Y_pred
```

然后，对数据集 X 进行预测，并计算准确率：

```
Y_pred = predict(X, W, b)
accuracy = np.mean(Y_pred == Y)
```

计算得到准确率 accuracy=0.86。

最后，为了便于理解，可以绘制决策边界，可视化分类效果，代码如下：

```
from matplotlib.colors import ListedColormap

x_min, x_max = X[0, :].min() - 1, X[0, :].max() + 1
y_min, y_max = X[1, :].min() - 1, X[1, :].max() + 1
```

```
step = 0.001
xx, yy = np.meshgrid(np.arange(x_min, x_max, step), np.arange(y_min, y_max, step))
Z = predict(np.c_[xx.ravel(), yy.ravel()].T, W, b)
Z = Z.reshape(xx.shape)
plt.contourf(xx, yy, Z, cmap=plt.cm.Spectral)    # 绘制边界
plt.scatter(X[0, Y[0,:]==0], X[1, Y[0,:]==0], c='g', marker='s', label='负类') # 负类
plt.scatter(X[0, Y[0,:]==1], X[1, Y[0,:]==1], c='y', marker='o', label='正类') # 正类
plt.legend()
plt.show()
```

得到的分类决策边界如图 4-21 所示。

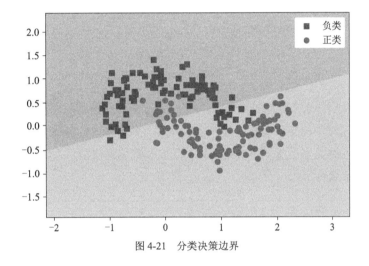

图 4-21　分类决策边界

　　由于数据集原本就是非线性可分的，所以使用逻辑回归进行线性划分得到的分类线无法将所有样本正确划分。实际上，大部分的数据点都得到了正确的划分，准确率也达到了 0.86，效果还是不错的。

　　以上就是逻辑回归的所有内容。逻辑回归是最简单的二分类线性分类器，它的缺点是只能进行线性分类。在下一章，我们将开始介绍真正的神经网络。逻辑回归是神经网络的基础，神经网络是非线性分类器，因此，神经网络的分类功能要比逻辑回归强大很多。

第 5 章

神经网络

从本章开始，我们将重点介绍神经网络。第 4 章介绍了多层感知机模型，用来解决非线性分类问题，如逻辑电路中的异或问题。我们之前说过，多层感知机与神经网络在结构上非常相似，可以说，神经网络是多层感知机与逻辑回归结合和优化的模型。为什么这么说呢？经过下面的介绍，读者就会明白了。

5.1 基本结构

我们先来看一看神经网络的基本结构。

图 5-1 展示的是一个简单的两层神经网络的基本结构。整个神经网络共分为 3 层，分别是输入层（input layer）、隐藏层（hidden layer）和输出层（output layer）。之所以称之为两层神经网络，是因为一般不把输入层考虑在内。输入层是数据的样本特征，例如 x_1 和 x_2 表示数据的二维特征。隐藏层包含 3 个神经元。神经元用〇表示，类似于一个感知机，我们之后会介绍两者的区别，这里可以把神经元理解为一个非线性单元。输出层包含 1 个神经元，也用〇表示，一般也是一个非线性单元。

图 5-1 中，箭头表示数据的流动。输入层的所有输入都作为隐藏层每个神经元的输入，而隐藏层所有神经元的输出也都作为输出层神经元的输入。

神经元是一个非线性单元，它的结构类似于一个逻辑回归模型，由线性单元和非线性单元组成。单个神经元的内部结构如图 5-2 所示。

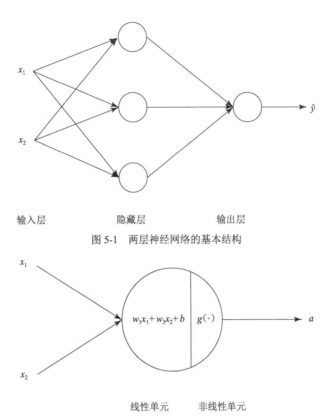

图 5-1　两层神经网络的基本结构

图 5-2　单个神经元的内部结构

单个神经元的数学运算一般由两部分组成：线性部分和非线性部分，计算公式如下：

$$\begin{cases} z = w_1 x_1 + w_2 x_2 + b \\ a = g(z) \end{cases} \qquad (5\text{-}1)$$

式中，$z = w_1 x_1 + w_2 x_2 + b$ 表示线性运算，$a = g(z)$ 表示非线性运算。图 5-1 所示的神经网络中，隐藏层的 3 个神经元、输出层的 1 个神经元都由线性运算和非线性运算两部分组成。

5.2　前向传播

了解了神经网络的基本结构之后，下面重点介绍神经网络的前向传播过程，即神经网络从输入层到输出层的计算过程。

仍以图 5-1 为例，神经网络的输入向量化表示为 x，则从输入层到隐藏层的计算公式为

$$\begin{cases} z_1^{[1]} = w_1^{[1]}x + b_1^{[1]}, \ a_1^{[1]} = g(z_1^{[1]}) \\ z_2^{[1]} = w_2^{[1]}x + b_2^{[1]}, \ a_2^{[1]} = g(z_2^{[1]}) \\ z_3^{[1]} = w_3^{[1]}x + b_3^{[1]}, \ a_3^{[1]} = g(z_3^{[1]}) \end{cases} \tag{5-2}$$

对于式（5-2），有一些约定俗成的数学标记需要注意：字母的上标[1]表示当前的神经网络层数，第一个隐藏层即[1]；字母的下标 1、2、3 表示当前层的第几个神经元。另外，w 和 b 表示神经元参数，z 表示神经元线性输出，a 表示神经元非线性输出。

从隐藏层到输出层，$a_1^{[1]}$、$a_2^{[1]}$、$a_3^{[1]}$ 是输出层的输入，可以写成列向量 $a^{[1]}$ 的形式，计算公式如下：

$$z^{[2]} = w_1^{[2]}a^{[1]} + b_1^{[2]}, \ a^{[2]} = g(z^{[2]}) \tag{5-3}$$

将式（5-2）和（5-3）写成向量的形式：

$$\begin{cases} z^{[1]} = \boldsymbol{W}^{[1]}x + b^{[1]}, \ a^{[1]} = g(z^{[1]}) \\ z^{[2]} = \boldsymbol{W}^{[2]}a^{[1]} + b^{[2]}, \ a^{[2]} = g(z^{[2]}) \end{cases} \tag{5-4}$$

上面是针对单个样本的情况。如果是 m 个样本，神经网络的输入是一个维度为 $(2,m)$ 的矩阵，用 X 表示。式（5-2）和（5-3）可以写成矩阵运算的形式。

首先，从输入层到隐藏层：

$$\begin{cases} Z^{[1]} = \boldsymbol{W}^{[1]}X + b^{[1]} \\ A^{[1]} = g(Z^{[1]}) \end{cases} \tag{5-5}$$

式中，$\boldsymbol{W}^{[1]}$ 的维度为 $(3,2)$；$b^{[1]}$ 的维度为 $(3,1)$；$A^{[1]}$ 的维度与 $Z^{[1]}$ 相同，为 $(3,m)$。

然后，从隐藏层到输出层：

$$\begin{cases} Z^{[2]} = \boldsymbol{W}^{[2]}A^{[1]} + b^{[2]} \\ A^{[2]} = g(Z^{[2]}) \end{cases} \tag{5-6}$$

式中，$\boldsymbol{W}^{[2]}$ 的维度为 $(1,3)$；$b^{[2]}$ 是一个常量；$A^{[2]}$ 的维度与 $Z^{[2]}$ 相同，为 $(1,m)$。式（5-5）和（5-6）完整地表示了图 5-1 所示的神经网络的前向传播过程。

5.3 激活函数

在 5.2 节中，神经元包含了非线性计算，用 $g(\cdot)$ 来表示。非线性计算在神经元中一般由激活函数来实现，激活函数统一表示成 $g(z)$。那么，神经网络模型中有哪些激活函数呢？下面将列举几个常见的激活函数。

1. Sigmoid 函数

Sigmoid 函数在逻辑回归章节中已经介绍过了，其函数图形和表达式如图 5-3 所示。

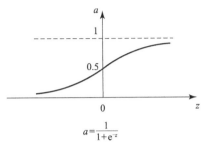

$$a=\frac{1}{1+e^{-z}}$$

图 5-3　Sigmoid 函数

如果神经元采用 Sigmoid 作为激活函数的话，那么单个神经元实现的功能就相当于逻辑回归。所以说，逻辑回归是神经网络的基础。这也是我们花很多时间介绍逻辑回归的原因，掌握了逻辑回归，学习神经网络就会非常简单。

2. tanh 函数

tanh 函数是双曲正切函数，其函数图形和表达式如图 5-4 所示。

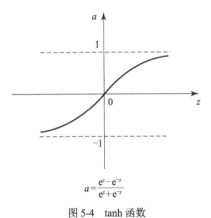

$$a=\frac{e^{z}-e^{-z}}{e^{z}+e^{-z}}$$

图 5-4　tanh 函数

3. ReLU 函数

ReLU（Rectified Linear Unit，修正线性单元）函数是一种流行的激活函数，起源于神经科学的研究。ReLU 函数的图形和表达式如图 5-5 所示。

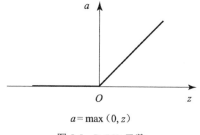

$$a = \max(0, z)$$

图 5-5　ReLU 函数

ReLU 函数是分段函数，当 $z > 0$ 时，$a = z$；当 $z \leq 0$ 时，$a = 0$。ReLU 函数最大的特点是在 $z > 0$ 时梯度恒为 1，保证了网络训练时梯度下降的速度。但它的缺点是在 $z \leq 0$ 时，梯度为 0，此时神经元不工作。实际应用中证明，这种情况的影响并不大。

4. Leaky ReLU 函数

Leaky ReLU 函数是 ReLU 函数的改进，其函数图形和表达式如图 5-6 所示。

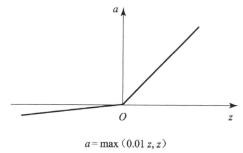

$$a = \max(0.01z, z)$$

图 5-6　Leaky ReLU 函数

Leaky ReLU 函数与 ReLU 函数的区别仅在于当 $z \leq 0$ 时，a 不恒为 0，而是有一个较小的梯度，此处为 0.01，不唯一。这样做的好处是始终保持梯度不为 0。

以上是 4 个常见的神经网络激活函数。在实际应用的时候，我们应如何选择合适的激活函数呢？

首先我们来比较 Sigmoid 函数和 tanh 函数。对于隐藏层的激活函数，一般来说，tanh 函数要比 Sigmoid 函数的表现更好一些。因为 tanh 函数的取值范围为[-1, +1]，隐藏层的输出被限定在[-1, +1]，可以看成是在 0 值附近分布，均值为 0。这样，从隐藏层到输出层，数据达到了归一化（均值为 0）的效果。因此，作为隐藏层的激活函数，tanh 函数比 Sigmoid 函数更好一些。而对于输出层的激活函数，因为二分类问题的输出取值为{0, 1}，所以一般会选择 Sigmoid 作为激活函数。

观察 Sigmoid 函数和 tanh 函数，我们发现有这样一个问题，就是当|z|很大的时候，激活函数的斜率（梯度）很小。因此，在这个区域内，梯度下降算法会运行得比较慢。在实际应用中，应尽量避免使|z|落在这个区域，应尽可能将|z|限定在 0 值附近，从而提高梯度下降算法的运算速度。

为了弥补 Sigmoid 函数和 tanh 函数的这个缺陷，就出现了 ReLU 激活函数。ReLU 激活函数在 $z > 0$ 时梯度始终为 1；在 $z < 0$ 时梯度始终为 0。在隐藏层，选择 ReLU 作为激活函数能够保证 $z > 0$ 时梯度始终为 1，从而提高神经网络梯度下降算法的运算速度。但当 $z < 0$ 时，存在梯度为 0 的缺点，实际应用中，这个缺点的影响不是很大。为了弥补这个缺点，出现了 Leaky ReLU 激活函数，能够保证 $z < 0$ 时是梯度不为 0。

值得一提的是，如果是预测问题而不是分类问题，在输出是连续值的情况下，输出层的激活函数可以使用线性函数。如果输出恒为正值，也可以使用 ReLU 激活函数。

5. 非线性激活函数

神经网络中，为什么要使用非线性激活函数呢？假如不使用非线性激活函数，只用线性激活函数会有什么样的后果呢？下面通过一个例子来进行说明。

假设所有的激活函数都是线性的，为了简化计算，直接令激活函数 $g(z) = z$，即 $a = z$。那么，图 5-1 中神经网络的各层输出如下：

$$\begin{cases} Z^{[1]} = W^{[1]}X + b^{[1]} \\ A^{[1]} = Z^{[1]} \\ Z^{[2]} = W^{[2]}A^{[1]} + b^{[2]} \\ A^{[2]} = Z^{[2]} \end{cases} \tag{5-7}$$

现在，我们将式（5-7）中的 $A^{[2]}$ 展开：

$$\begin{aligned} A^{[2]} &= Z^{[2]} \\ &= W^{[2]}A^{[1]} + b^{[2]} \\ &= W^{[2]}Z^{[1]} + b^{[2]} \\ &= W^{[2]}(W^{[1]}X + b^{[1]}) + b^{[2]} \\ &= (W^{[2]}W^{[1]})X + (W^{[2]}b^{[1]} + b^{[2]}) \\ &= W^{'}X + b^{'} \end{aligned} \tag{5-8}$$

我们发现 $A^{[2]}$ 仍是输入 X 的线性组合，这表明如果使用线性激活函数，神经网络模型与线性模型的效果并没有什么两样。即便是包含多层隐藏层的神经网络，只要激活函数是线性的，最终的输出仍然是线性模型，此时神经网络就没有任何作用了。因此，激活函数必须是非线性的。

另外，如果所有隐藏层都使用线性激活函数，只有输出层使用非线性激活函数，那么整个神经网络的结构就类似于一个简单的逻辑回归模型，相当于只使用一个神经元。

5.4 反向传播

神经网络经过前向传播之后，接下来就可以计算其损失函数。神经网络二分类问题与逻辑回归一样，采用交叉熵损失。神经网络的交叉熵损失计算公式为：

$$J = -\frac{1}{m}\sum_{i=1}^{m} y^{(i)} \log a^{[2](i)} + (1-y^{(i)})\log(1-a^{[2](i)})\tag{5-9}$$

计算交叉熵损失之后，就可以进行神经网络的反向传播了。反向传播是对神经网络输出层、隐藏层的参数 W 和 b 计算偏导数的过程。

根据对逻辑回归的详细介绍，由式（5-9）可得神经网络代价函数 J 对 $Z^{[2]}$ 的偏导数：

$$dZ^{[2]} = A^{[2]} - Y\tag{5-10}$$

计算出 $dZ^{[2]}$ 之后，就可以根据求偏导法则计算其他偏导数了。

首先来看输出层：

$$\begin{cases} d\boldsymbol{W}^{[2]} = dZ^{[2]} \cdot \dfrac{\partial Z^{[2]}}{\partial \boldsymbol{W}^{[2]}} = \dfrac{1}{m}(A^{[2]} - Y)A^{[1]T} \\[4mm] db^{[2]} = \dfrac{1}{m}\sum_{i=1}^{m} dZ^{[2](i)} \end{cases}\tag{5-11}$$

根据 $dZ^{[2]}$ 同样可以计算出 $dA^{[1]}$，继而求出 $dZ^{[1]}$，从而得到隐藏层各参数的偏导数：

$$\begin{cases} dZ^{[1]} = dZ^{[2]} \cdot \dfrac{\partial Z^{[2]}}{\partial A^{[1]}} \cdot \dfrac{\partial A^{[1]}}{\partial Z^{[1]}} = \boldsymbol{W}^{[2]T} dZ^{[2]} * g'(Z^{[1]}) \\[4mm] d\boldsymbol{W}^{[1]} = dZ^{[1]} \cdot \dfrac{\partial Z^{[1]}}{\partial \boldsymbol{W}^{[1]}} = \dfrac{1}{m} dZ^{[1]} X^T \\[4mm] db^{[1]} = \dfrac{1}{m}\sum_{i=1}^{m} dZ^{[1](i)} \end{cases}\tag{5-12}$$

式中，字母的上标 T 表示矩阵的转置，例如 $\boldsymbol{W}^{[2]T}$ 为 $\boldsymbol{W}^{[2]}$ 的转置。$g'(Z^{[1]})$ 表示激活函数 $A^{[1]} = g(Z^{[1]})$ 的导数。*号表示矩阵的点乘，而非矩阵相乘。

至此，就完成了两层神经网络反向传播过程中梯度的计算推导。神经网络反向传播过程中梯度计算的基本原理与逻辑回归中梯度计算的基本原理是相同的。

为了方便读者理解和掌握，下面将前向传播和反向传播的重要公式进行了总结，如图 5-7 所示。

$$
\begin{array}{l|l}
\begin{aligned}
& Z^{[1]} = W^{[1]}X + b^{[1]} \\
& A^{[1]} = g\left(Z^{[1]}\right) \\
& Z^{[2]} = W^{[2]}A^{[1]} + b^{[2]} \\
& A^{[2]} = g\left(Z^{[2]}\right)
\end{aligned}
&
\begin{aligned}
& \mathrm{d}Z^{[2]} = A^{[2]} - Y \\
& \mathrm{d}W^{[2]} = \frac{1}{m}\left(A^{[2]} - Y\right)A^{[1]T} \\
& \mathrm{d}b^{[2]} = \frac{1}{m}\sum_{i=1}^{m}\mathrm{d}Z^{[2](i)} \\
& \mathrm{d}Z^{[1]} = W^{[2]T}\mathrm{d}Z^{[2]} * g'\left(Z^{[1]}\right) \\
& \mathrm{d}W^{[1]} = \frac{1}{m}\mathrm{d}Z^{[1]}X^{T} \\
& \mathrm{d}b^{[1]} = \frac{1}{m}\sum_{i=1}^{m}\mathrm{d}Z^{[1](i)}
\end{aligned} \\
\hline
（a）前向传播的重要公式 & （b）反向传播的重要公式
\end{array}
$$

图 5-7　前向传播和反向传播的重要公式

掌握了神经网络前向传播和反向传播的重要公式，基本上就对两层神经网络有了比较清晰的认识。

5.5　更新参数

神经网络完成反向传播之后，得到了各层的参数梯度 $\mathrm{d}W$ 和 $\mathrm{d}b$。接下来，需要根据梯度下降算法对参数 W 和 b 进行更新。神经网络的更新公式与逻辑回归模型的更新公式类似，公式如下：

$$
\begin{cases}
W^{[1]} = W^{[1]} - \eta \cdot \mathrm{d}W^{[1]} \\
b^{[1]} = b^{[1]} - \eta \cdot \mathrm{d}b^{[1]} \\
W^{[2]} = W^{[2]} - \eta \cdot \mathrm{d}W^{[2]} \\
b^{[2]} = b^{[2]} - \eta \cdot \mathrm{d}b^{[2]}
\end{cases}
\tag{5-13}
$$

至此，经过前向传播、反向传播、更新参数之后，神经网络的一次训练就完成了。经过 N 次迭代训练，参数 W 和 b 会不断更新，并接近全局最优解。

5.6　初始化

本节主要介绍神经网络的初始化，这里所说的初始化是指神经网络中的参数 W 和 b 的初始化。

在逻辑回归模型中，参数 W 和 b 一般全部初始化为零即可，神经网络中的参数是不是也可以初始化为零呢？答案是不能！接下来我们来解释一下原因。

以图 5-1 所示的两层神经网络为例，如果我们将所有参数 W 都初始化为零，则：

$$\begin{cases} W^{[1]} = \begin{bmatrix} 0 & 0 \\ 0 & 0 \\ 0 & 0 \end{bmatrix} \\ W^{[2]} = \begin{bmatrix} 0 & 0 \end{bmatrix} \end{cases} \tag{5-14}$$

$W^{[1]}$ 初始化为零，根据图 5-7 中的前向传播公式，会使 $Z^{[1]}$、$A^{[1]}$ 都为零。也就是说，隐藏层各个神经元的输出都一样，即 $a_1^{[1]} = a_2^{[1]} = a_3^{[1]}$。然后，在反向传播过程中，根据图 5-7 中的反向传播公式，同样会使隐藏层各个神经元的 dW 都一样，即 $dw_1^{[1]} = dw_2^{[1]} = dw_3^{[1]}$。这样会导致隐藏层 3 个神经元对应的权重每次迭代更新都会得到完全相同的结果，始终都有 $w_1^{[1]} = w_2^{[1]} = w_3^{[1]}$，从而造成隐藏层 3 个神经元完全对称，效果相同。这样的话，隐藏层设置多个神经元就没有任何意义了，如图 5-8 所示。

图 5-8　参数初始化为零的效果

因此，神经网络的权重系数 W 一般不会初始化为零，可以进行随机初始化。但是，偏置项系数 b 一般可以初始化为零，并不会影响神经网络的训练效果。

5.7　神经网络的 Python 实现

介绍完神经网络的基本理论知识之后，本节将使用 Python 一步一步地搭建一个两层神经网络，来解决一个实际的二分类问题，并与之前介绍的逻辑回归的分类效果做比较。

5.7.1　准备数据

本节采用与逻辑回归一样的数据集，即使用 Scikit-Learn 构造一个月牙形的数据集。

```
import sklearn.datasets

np.random.seed(1)      # 设置随机种子
# 导入 make_moon 数据集，样本个数 m=200，噪声标准差为 0.2
```

```
X, Y = sklearn.datasets.make_moons(n_samples=200, noise=.2)
# X shape: [2,200], Y shape: [1,200]
X, Y = X.T, Y.reshape(1, Y.shape[0])
m = X.shape[1]          # 样本个数
dim = X.shape[0]        # 特征维度
```

样本个数 $m = 200$，正负样本各占 100，噪声标准差为 0.2。运行程序，二维平面上二分类数据集的分布如图 5-9 所示。

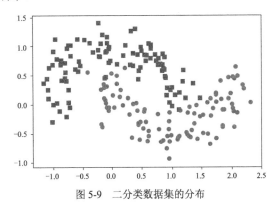

图 5-9 二分类数据集的分布

图 5-9 中，正方形散点表示负类，圆形散点表示正类。正、负类各包含 100 个样本点。

5.7.2 参数初始化

我们在 5.6 节中介绍了参数 W 和 b 初始化的方法，接下来介绍初始化的 Python 实现。

```
def initialize_parameters(n_x, n_h, n_y):
    """
    函数输入:
        - n_x: 输入层维度
        - n_h: 隐藏层神经元个数
        - n_y: 输出层神经元个数
    函数输出:
        - params: 存储参数的字典, W1, b1, W2, b2
    """

    np.random.seed(0)     # 设置随机种子

    # 参数初始化
    W1 = np.random.randn(n_h, n_x)
    b1 = np.zeros((n_h, 1))
    W2 = np.random.randn(n_y, n_h)
    b2 = np.zeros((n_y, 1))
```

```
parameters = {
    'W1': W1,
    'b1': b1,
    'W2': W2,
    'b2': b2
}

return parameters
```

上面代码中定义的函数对权重系数 W 进行了随机初始化，把偏置系数 b 初始化为零。

5.7.3 前向传播

以下代码定义了神经网络的前向传播过程：

```
def forward_propagation(X, parameters):
    """
    函数输入：
        - X：神经网络输入
        - parameters：神经网络参数
    函数输出：
        - A2：神经网络输出
        - cache：缓存，存储中间变量：Z1, A1, Z2, A2
    """

    # 神经网络参数
    W1 = parameters['W1']
    b1 = parameters['b1']
    W2 = parameters['W2']
    b2 = parameters['b2']

    # 输入层 -> 隐藏层
    Z1 = np.dot(W1, X) + b1
    A1 = np.tanh(Z1)
    # 隐藏层 -> 输出层
    Z2 = np.dot(W2, A1) + b2
    A2 = sigmoid(Z2)

    cache = {
        'Z1': Z1,
        'A1': A1,
        'Z2': Z2,
        'A2': A2
    }

    return A2, cache
```

上面的代码中定义的前向传播函数返回的 A2 就是神经网络的输出，它是一个概率值；cache

是存储 Z1、A1、Z2、A2 的字典。

应注意该神经网络激活函数的选择。这里，隐藏层的激活函数选择 tanh 函数；输出层的激活函数选择 Sigmoid 函数。NumPy 中自带了 tanh 函数，可直接调用，但是 NumPy 中没有 Sigmoid 函数，需要自定义，代码如下：

```
def sigmoid(z):
    """
    函数输入：
        - z：激活函数输入，神经元线性输出
        - a：激活函数输出，神经元非线性输出
    """

    a = 1 / (1 + np.exp(-z))

    return a
```

5.7.4　交叉熵损失

神经网络与逻辑回归一样，采用交叉熵损失，相应的代码如下：

```
def compute_loss(A2, Y):
    """
    函数输入：
        - A2：神经网络输出
        - Y：样本真实标签
    函数输出：
        - cost：神经网络交叉熵损失
    """

    #样本个数
    m = Y.shape[1]

    cross_entropy = -(Y * np.log(A2) + (1 - Y) * np.log(1 - A2))
    cost = 1.0 / m * np.sum(cross_entropy)

    return cost
```

5.7.5　反向传播

以下代码定义了神经网络的反向传播过程：

```
def back_propagation(X, Y, parameters, cache):
    """
    函数输入：
```

```
        - X：神经网络输入
        - Y：样本真实标签
        - parameters：网络参数
        - cache：缓存，存储中间变量：Z1, A1, Z2, A2
    函数输出：
        - grads：神经网络参数梯度
    """

    # 样本个数
    m = X.shape[1]

    # 神经网络参数
    W1 = parameters['W1']
    b1 = parameters['b1']
    W2 = parameters['W2']
    b2 = parameters['b2']

    # 中间变量
    Z1 = cache['Z1']
    A1 = cache['A1']
    Z2 = cache['Z2']
    A2 = cache['A2']

    # 计算梯度
    dZ2 = A2 - Y
    dW2 = 1.0 / m * np.dot(dZ2, A1.T)
    db2 = 1.0 / m * np.sum(dZ2, axis=1, keepdims=True)
    dZ1 = np.dot(W2.T, dZ2) * (1 - np.power(A1, 2))
    dW1 = 1.0 / m * np.dot(dZ1, X.T)
    db1 = 1.0 / m * np.sum(dZ1, axis=1, keepdims=True)

    grads = {
        'dW1': dW1,
        'db1': db1,
        'dW2': dW2,
        'db2': db2
    }

    return grads
```

上述代码中，dW1、db1、dW2、db2 即为所求参数的梯度，梯度存储在字典 grads 中。

5.7.6　更新参数

最后，根据梯度下降算法式（5-13）对参数进行更新，代码如下：

```
def update_parameters(parameters, grads, learning_rate=0.1):
    """
```

```
    函数输入:
        - parameters: 网络参数
        - grads: 神经网络参数梯度
    函数输出:
        - parameters: 网络参数
    """

    # 神经网络参数
    W1 = parameters['W1']
    b1 = parameters['b1']
    W2 = parameters['W2']
    b2 = parameters['b2']

    # 神经网络参数梯度
    dW1 = grads['dW1']
    db1 = grads['db1']
    dW2 = grads['dW2']
    db2 = grads['db2']

    # 梯度下降算法
    W1 = W1 - learning_rate * dW1
    b1 = b1 - learning_rate * db1
    W2 = W2 - learning_rate * dW2
    b2 = b2 - learning_rate * db2

    parameters = {
        'W1': W1,
        'b1': b1,
        'W2': W2,
        'b2': b2
    }

    return parameters
```

5.7.7 构建整个神经网络模型

定义好各个模块之后，就可以构建整个神经网络模型了。接下来，我们将把准备数据、参数初始化、前向传播、交叉熵损失、反向传播、更新参数等几个模块整合起来，构建神经网络模型 nn_model。

```
def nn_model(X, Y, n_h=3, num_iterations=200, learning_rate=0.1):
    """
    函数输入:
        - X: 神经网络输入
        - Y: 样本真实标签
        - n_h: 隐藏层神经元个数
```

```
        - num_iterations: 训练次数
        - learning_rate: 学习率
    函数输出:
        - parameters: 训练完成后的网络参数
    """

    # 定义网络
    n_x = X.shape[0]
    n_y = 1

    # 参数初始化
    parameters = initialize_parameters(n_x, n_h, n_y)

    # 迭代训练
    for i in range(num_iterations):
        # 正向传播
        A2, cache = forward_propagation(X, parameters)

        # 计算交叉熵损失
        cost = compute_loss(A2, Y)

        # 反向传播
        grads = back_propagation(X, Y, parameters, cache)

        # 更新参数
        parameters = update_parameters(parameters, grads, learning_rate)

        # print
        if (i+1) % 20 == 0:
            print('Iteration: %d, cost = %f' % (i+1, cost))

    return parameters
```

5.7.8　训练

nn_model 模型构建完成之后，就可以用该模型来训练整个神经网络了。选择的隐藏层神经元个数为 3，迭代训练次数为 500，学习率设置为 0.2。

```
parameters = nn_model(X, Y, n_h=3,
                num_iterations=500,
                learning_rate=0.2)
```

5.7.9　预测

神经网络模型训练完成之后，就可以使用该模型对数据集进行分类了。首先，定义预测函数：

```
def predict(X, parameters):
    """
    函数输入:
        - X: 神经网络输入
        - parameters: 训练完成后的网络参数
    函数输出:
        - Y_pred: 预测样本标签
    """

    # 神经网络参数
    W1 = parameters['W1']
    b1 = parameters['b1']
    W2 = parameters['W2']
    b2 = parameters['b2']

    # 输入层 -> 隐藏层
    Z1 = np.dot(W1, X) + b1
    A1 = np.tanh(Z1)
    # 隐藏层 -> 输出层
    Z2 = np.dot(W2, A1) + b2
    A2 = sigmoid(Z2)

    # 预测标签
    Y_pred = np.zeros((1, X.shape[1]))    # 初始化 Y_pred
    Y_pred[A2 > 0.5] = 1     # Y_hat 大于 0.5 的预测为正类

    return Y_pred
```

预测函数返回的 **Y_pred** 就是预测标签，值为 0 或 1。

然后，对整个数据集 *X* 进行预测，并计算准确率:

```
accuracy = np.mean(Y_pred == Y)
print(accuracy)
```

计算得到准确率 accuracy=0.94。

最后，绘制决策边界，可视化分类效果，代码如下:

```
from matplotlib.colors import ListedColormap

x_min, x_max = X[0, :].min() - 0.5, X[0, :].max() + 0.5
y_min, y_max = X[1, :].min() - 0.5, X[1, :].max() + 0.5
step = 0.001
xx, yy = np.meshgrid(np.arange(x_min, x_max, step), np.arange(y_min, y_max, step))
Z = predict(np.c_[xx.ravel(), yy.ravel()].T, parameters)
Z = Z.reshape(xx.shape)
plt.contourf(xx, yy, Z, cmap=plt.cm.Spectral)    # 绘制边界
plt.scatter(X[0, Y[0,:]==0], X[1, Y[0,:]==0], c='g', marker='s', label='负类')    # 负类
plt.scatter(X[0, Y[0,:]==1], X[1, Y[0,:]==1], c='y', marker='o', label='正类')    # 正类
```

```
plt.legend()
plt.show()
```

得到的分类决策边界如图 5-10 所示。

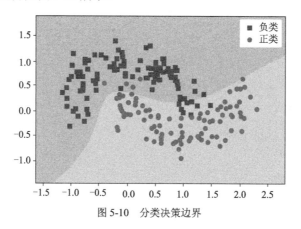

图 5-10　分类决策边界

由图 5-10 可以看出，神经网络的分类效果更好，准确率也达到了 0.94。神经网络的分类决策边界与逻辑回归的分类决策边界相比，逻辑回归实现的是线性分类，决策边界是一条直线；而神经网络实现的是非线性分类，决策边界是一条曲线。

可以看出，即便是只有单隐藏层的简单神经网络，也能实现比较复杂的非线性分类，进而证明了神经网络的强大之处。

## 第 6 章

深层神经网络

在第 5 章中，我们详细介绍了浅层神经网络的原理、基本结构，以及前向传播和反向传播的过程，并使用 Python 构建了一个两层神经网络模型，解决了一个实际的分类问题。事实证明，与逻辑回归相比，神经网络可以实现非线性分类，效果非常好。但是，浅层神经网络的能力毕竟有限，面对复杂的分类问题，我们可以使用更加复杂、层数更深的神经网络来解决。本章，我们将继续学习如何构建复杂的神经网络模型。

6.1　深层神经网络的优势

我们在第 5 章介绍的两层神经网络只包含一个单隐藏层，从效果来看，它也能进行非线性划分，分类曲线也比较复杂。事实上，有研究表明，即便是单隐藏层神经网络，只要隐藏层有足够多的神经元，神经网络的宽度足够大，那么该神经网络复杂度就高，就能拟合任意复杂的函数。从分类效果来看，包含多神经元的单隐藏层神经网络可以解决非常复杂的分类问题。这类神经网络的结构如图 6-1 所示。

包含足够多神经元的单隐藏层神经网络确实可以实现复杂的非线性分类，但是事实上并不是神经网络越宽越好。尤其是在计算机视觉领域，例如对于图像识别问题，即便单隐藏层神经网络的神经元个数很多、宽度很大，模型性能也并没有表现得很好。而此时，包含多隐藏层的深层神经网络往往性能更好。

事实上，如图 6-2 所示，神经网络的强大能力主要由于神经网络足够 "深"，也就是说网络层数越多，神经网络就越复杂，处理数据的能力越强，模型的学习能力就越强大，这符合我们直观的理解。下面通过两个例子来解释为什么深层神经网络的性能要比单隐藏层神经网络的性能更好。

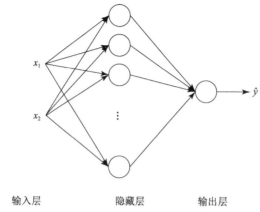

输入层　　　　　　　隐藏层　　　　　　输出层

图 6-1　包含多神经元的单隐藏层神经网络

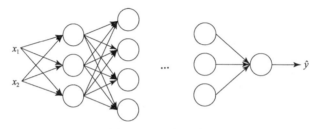

图 6-2　深层神经网络

　　首先来了解神经网络在图像处理、人脸识别领域的应用。神经网络的输入是一张图片，从计算机的角度来看，即一个个像素值。神经网络的第一层主要从原始图片中提取一些边缘信息，例如面部的水平、垂直边缘，此时每个神经元做的事是边缘检测。然后，神经网络的第二层将前一层得到的边缘信息进行整合，提取面部的一些局部特征，如眼睛、鼻子、嘴巴等。之后，神经网络越深，提取的特征越复杂，从模糊到详细、从局部到整体。可见，隐藏层越多，那么能够提取的特征就越丰富、越复杂，模型的准确率就会越高，这是单隐藏层神经网络没有办法做到的。

　　举一个人脸识别的例子，神经网络不同层神经元提取的特征如图 6-3 所示。我们可以看到，神经网络浅层神经元提取的是人脸的边缘轮廓特征；神经网络中层神经元提取的是人脸的一些局部器官特征；神经网络深层神经元提取的特征更加复杂，也更容易识别出人脸的特性。因此，深层神经网络会比浅层神经网络性能更加强大。

　　在语音识别领域，神经网络的浅层神经元能够检测出简单的音调，随着网络层数加深，神经元还能检测出基本的音素、单词信息，甚至对短语和句子进行检测，提取的特征由简单到复杂，功能也越来越强大。

（a）浅层　　　　　（b）中层　　　　　（c）深层

图 6-3　神经网络不同层神经元提取的特征

值得注意的是，虽然深层神经网络的学习能力更强大、性能更好，但是在实际应用中，我们还是要尽量选择层数较少的神经网络，这样能够有效避免发生过拟合。对于比较复杂的问题，再考虑使用深层神经网络模型。

6.2　符号标记

深层神经网络有一些约定俗成的符号标记，简单介绍如下。

假设神经网络是 L 层。这里的 L 为隐藏层和输出层的层数之和，即隐藏层为 $L-1$ 层。我们使用上标 l 表示当前层，$l=1,2,\cdots,L$。$n^{[l]}$ 表示第 l 层包含的神经元个数。

对于第 l 层神经元，神经元个数为 $n^{[l]}$，各符号标记的含义如下：

（1）$W^{[l]}$ 表示该层权重参数，维度为 $(n^{[l]},n^{[l-1]})$；

（2）$b^{[l]}$ 表示该层偏置参数，维度为 $(n^{[l]},1)$；

（3）$Z^{[l]}$ 表示该层线性输出，维度为 $(n^{[l]},1)$；

（4）$A^{[l]}$ 表示该层非线性输出，维度为 $(n^{[l]},1)$。

值得注意的是，一般输入层 X 用 $A^{[0]}$ 表示，$A^{[0]}$ 的维度为 $(n^{[0]},m)$。其中，$n^{[0]}=n_x$，表示输入层特征数目，m 表示样本个数。输出层用 $A^{[L]}$ 表示。

6.3　前向传播与反向传播

了解了深层神经网络的符号标记之后，下面介绍深层神经网络的前向传播过程。深层神经网络前向传播过程的基本原理与浅层神经网络前向传播过程的基本原理是一致的。

以第 l 层神经网络为例，方框代表该层网络，其前向传播流程如图 6-4 所示。

图 6-4 中，$A^{[l-1]}$ 是输入，$W^{[l]}$ 和 $b^{[l]}$ 是神经元参数，$A^{[l]}$ 是输出且将作为下一层的输入，$Z^{[l]}$ 是中间变量，在反向传播中将会用得到。

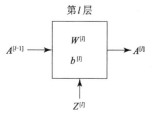

图 6-4　第 l 层神经网络前向传播流程图

根据图 6-4，我们就可以写出第 l 层神经网络的前向传播公式：

$$\begin{cases} Z^{[l]} = W^{[l]} A^{[l-1]} + b^{[l]} \\ A^{[l]} = g(Z^{[l]}) \end{cases} \tag{6-1}$$

式（6-1）表示了第 l 层神经网络的前向传播过程，非常简单和直观。

接下来继续介绍神经网络的反向传播过程。同样以第 l 层神经网络为例，方框代表该层网络，其反向传播流程如图 6-5 所示。

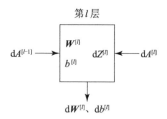

图 6-5　第 l 层神经网络反向传播流程图

图 6-5 中，$\mathrm{d}A^{[l]}$ 是反向传播的输入，$W^{[l]}$ 和 $b^{[l]}$ 是神经元参数，$\mathrm{d}Z^{[l]}$ 是中间变量，$\mathrm{d}A^{[l-1]}$ 是反向传播的输出，$\mathrm{d}W^{[l]}$ 和 $\mathrm{d}b^{[l]}$ 就是该层神经网络计算出来的参数 $W^{[l]}$ 和 $b^{[l]}$ 的梯度。

同样，根据图 6-5，我们就可以写出第 l 层神经网络的反向传播公式：

$$\begin{cases} \mathrm{d}Z^{[l]} = \mathrm{d}A^{[l]} * g\,'(Z^{[l]}) \\ \mathrm{d}W^{[l]} = \dfrac{1}{m} \mathrm{d}Z^{[l]} \cdot A^{[l-1]T} \\ \mathrm{d}b^{[l]} = \dfrac{1}{m} \sum_{i=1}^{m} \mathrm{d}Z^{[l](i)} \\ \mathrm{d}A^{[l-1]} = W^{[l]T} \cdot \mathrm{d}Z^{[l]} \end{cases} \tag{6-2}$$

式（6-2）表示了第 l 层神经网络的反向传播过程。

了解了第 l 层神经网络的前向传播过程和反向传播过程之后，我们可以将图 6-4 和图 6-5 整合起来，构成第 l 层神经网络数据流图，如图 6-6 所示。

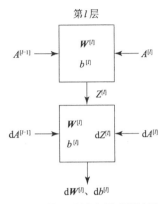

图 6-6　第 l 层神经网络数据流图

第 l 层神经网络数据流图清晰地展示了该层前向传播和反向传播的数据输入和输出，整个 L 层神经网络就是由多个这样的数据流组成，如图 6-7 所示。

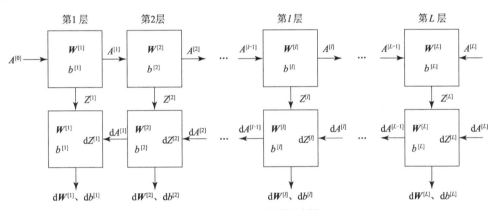

图 6-7　L 层神经网络数据流图

图 6-7 展示了整个 L 层神经网络的数据流，通过此图，我们可以清晰地掌握神经网络的前向传播和反向传播过程。其中，输出层 L 中 $\mathrm{d}A^{[L]}$ 的计算公式由交叉熵损失可得：

$$\mathrm{d}A^{[L]} = \frac{1-Y}{1-A^{[L]}} - \frac{Y}{A^{[L]}} \tag{6-3}$$

值得注意的是，第 1 层神经网络的反向传播没有输出 $\mathrm{d}A^{[0]}$，因为没有后续的数据流，且不影响计算参数 $\mathrm{d}W^{[1]}$ 和 $\mathrm{d}b^{[1]}$。

介绍完整个神经网络的数据流之后，我们对深层神经网络的前向传播和反向传播的细节有了更清晰的认识。下面将深层神经网络前向传播和反向传播的递推公式进行了总结，如图 6-8 所示。

$$Z^{[l]} = W^{[l]} A^{[l-1]} + b^{[l]}$$
$$A^{[l]} = g(Z^{[l]})$$

$$dZ^{[l]} = dA^{[l]} * g'(Z^{[l]})$$
$$dW^{[l]} = \frac{1}{m} dZ^{[l]} \cdot A^{[l-1]T}$$
$$db^{[l]} = \frac{1}{m} \sum_{i=1}^{m} dZ^{[l](i)}$$
$$dA^{[l-1]} = W^{[l]T} \cdot dZ^{[l]})$$

（a）前向传播的递推公式　　　　（b）反向传播的递推公式

图 6-8　深层神经网络前向传播和反向传播的递推公式

6.4　多分类函数 Softmax

到目前为止，我们介绍的神经网络都是二分类模型。如果遇到了多分类问题，例如 0～9 数字的识别，深层神经网络正向传播和反向传播的递推公式还能适用吗？本节，我们就来研究神经网络的多分类问题。

6.4.1　Softmax 函数的基本原理

多分类与二分类的主要区别就在于神经网络输出层神经元的个数：二分类模型的输出层只有一个神经元，而多分类模型的输出层有多个神经元。在神经网络二分类模型中，输出层的线性输出 $Z^{[L]}$ 经过 Sigmoid 函数，就能计算出预测为正类的概率。然而，在多分类问题中，输出层显然不能使用 Sigmoid 函数了，此时使用一种新的函数 Softmax 来处理 $Z^{[L]}$。

什么是 Softmax 函数？如何使用 Softmax 函数来处理 $Z^{[L]}$？下面我们举个简单的例子来说明。

如图 6-9 所示，假设神经网络的输出层有 3 个神经元，分别代表 3 个类别。线性输出 $Z^{[L]}$ 分别是-2、0、1。从相对大小来看，第 3 个神经元的数值更大，预测该神经元对应类别的把握更大一些。但是这些数值没有映射到概率上，我们需要使用类似于 Sigmoid 的函数，将 $Z^{[L]}$ 映射到预测概率上。Softmax 就是处理多分类问题的函数，它对 $Z^{[L]}$ 进行了处理，得到概率值 $A^{[L]}$。Softmax 函数的表达式为：

$$A^{[L]} = \frac{e^{Z^{[L]}}}{\sum_i e^{Z_i^{[L]}}} \tag{6-4}$$

图 6-9 展示了式（6-4）的计算过程。3 个神经元经过 Softmax 函数之后，最终的概率输出分别为 0.035、0.260、0.705。

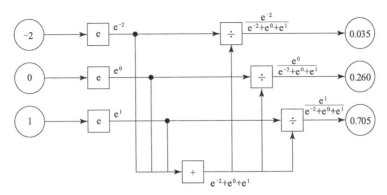

图 6-9 Softmax 函数处理多分类问题的过程

由此可见，Softmax 函数的功能是将 $Z^{[L]}$ 映射到区间[0,1]，将其看成概率。各神经元输出概率之和为 1，通过比较各概率值的大小，概率较大的神经元对应的类别则为预测值。

6.4.2 Softmax 损失函数

刚才我们介绍了 Softmax 函数的公式，得到了多分类神经网络模型输出层 $A_i^{[L]}$ 的表达式，那么 Softmax 对应的损失函数是什么呢？

此时，因为不是二分类问题，就不能再套用交叉熵损失函数了。可以这样理解，我们总是希望正确类别对应的概率值 $A_i^{[L]}$（$i=1,2,\cdots,C$，C 为总的类别个数）越大越好，这样错误越小，损失也就越小。在图 6-9 中，假如正确的类别对应第 3 个神经元，它经过 Softmax 函数后的概率输出为 0.705，远大于其他两个概率，这是我们愿意看到的，表示模型的损失很小。但是，如果正确的类别对应第 1 个神经元，它经过 Softmax 函数后的概率输出仅为 0.035，对应的损失就应该很大。

基于这个原理，我们就可以定义 Softmax 损失函数为：

$$L = -\sum_i y_i \ln a_i^{[L]} \tag{6-5}$$

很容易理解，y 向量中只有正确的类别对应位置为 1，其他全为 0。式（6-5）可写成 $-\log a_k^{[L]}$，k 为正确类别对应的神经元，则 $a_k^{[L]}$ 越大，$-\log a_k^{[L]}$ 就越小，即损失 L 就越小。

6.4.3 对 Softmax 函数求导

知道了 Softmax 损失函数的表达式之后，下一步就要计算损失函数对 $z^{[L]}$ 的梯度 $\mathrm{d}z^{[L]}$。因为得到 $\mathrm{d}z^{[L]}$ 之后，我们就可以根据 6.3 节介绍的神经网络递推公式逐层进行反向传播了。

首先，根据复合函数的求导法则，可得 L 对 $z_i^{[L]}$ 的偏导数为：

$$\frac{\partial L}{\partial z_i^{[L]}} = \sum_j \left(\frac{\partial L_j}{\partial a_j^{[L]}} \frac{\partial a_j^{[L]}}{\partial z_i^{[L]}} \right) \tag{6-6}$$

这里需要注意的是，Softmax 函数计算公式中的分母包含了所有神经元的输出。所以，不等于 i 的其他输出里也包含了 z_i，所有的 $a_j^{[L]}$ 都要纳入计算范围。而且，后面的计算也需要分为 $i = j$ 和 $i \neq j$ 两种情况求导。

首先，推导式（6-6）的第一部分。根据式（6-5）可得：

$$\frac{\partial L_j}{\partial a_j^{[L]}} = \frac{\partial(-y_j \ln a_j^{[L]})}{\partial a_j^{[L]}} = -\frac{y_j}{a_j^{[L]}} \tag{6-7}$$

然后，再推导式（6-6）的第二部分，此时需要考虑以下两种情况。

若 $i = j$：

$$
\begin{aligned}
\frac{\partial a_j^{[L]}}{\partial z_i^{[L]}} = \frac{\partial a_i^{[L]}}{\partial z_i^{[L]}} &= \frac{\partial \left(\dfrac{e^{z_i^{[L]}}}{\sum\limits_k e^{z_k^{[L]}}} \right)}{\partial z_i^{[L]}} = \frac{\sum\limits_k e^{z_k^{[L]}} e^{z_i^{[L]}} - (e^{z_i^{[L]}})^2}{\left(\sum\limits_k e^{z_k^{[L]}} \right)^2} \\
&= \left(\frac{e^{z_i^{[L]}}}{\sum\limits_k e^{z_k^{[L]}}} \right) \left(1 - \frac{e^{z_i^{[L]}}}{\sum\limits_k e^{z_k^{[L]}}} \right) \\
&= a_i^{[L]}(1 - a_i^{[L]})
\end{aligned}
\tag{6-8}
$$

若 $i \neq j$：

$$
\frac{\partial a_j^{[L]}}{\partial z_i^{[L]}} = \frac{\partial \left(\dfrac{e^{z_j^{[L]}}}{\sum\limits_k e^{z_k^{[L]}}} \right)}{\partial z_i^{[L]}} = -e^{z_j^{[L]}} \left(\frac{1}{\sum\limits_k e^{z_k^{[L]}}} \right)^2 e^{z_i^{[L]}}
\tag{6-9}
$$

$$= -a_i^{[L]} a_j^{[L]}$$

将推导的式（6-7）、（6-8）、（6-9）组合起来，就能将式（6-5）展开：

$$
\begin{aligned}
\frac{\partial L}{\partial z_i^{[L]}} &= \sum_j \left(\frac{\partial L_j}{\partial a_j^{[L]}} \frac{\partial a_j^{[L]}}{\partial z_i^{[L]}} \right) \\
&= \sum_{j=i} \left(\frac{\partial L_j}{\partial a_j^{[L]}} \frac{\partial a_j^{[L]}}{\partial z_i^{[L]}} \right) + \sum_{j \neq i} \left(\frac{\partial L_j}{\partial a_j^{[L]}} \frac{\partial a_j^{[L]}}{\partial z_i^{[L]}} \right) \\
&= \sum_{j=i} \left(-\frac{y_i}{a_i^{[L]}} \right) (a_i^{[L]}(1 - a_i^{[L]})) + \sum_{j \neq i} \left(-\frac{y_j}{a_j^{[L]}} \right) (-a_i^{[L]} a_j^{[L]}) \\
&= \sum_{j=i} (a_i^{[L]} y_i - y_i) + \sum_{j \neq i} a_i^{[L]} y_j \\
&= a_i^{[L]} \sum_j y_j - y_i
\end{aligned}
\tag{6-10}
$$

经过推导的式（6-10）比式（6-6）简单多了。针对分类问题，因为 y 中只有 y_i 为 1，其他 y_j 都为 0。则式（6-10）可以做进一步简化，最终得到：

$$\frac{\partial L}{\partial z_i^{[L]}} = a_i^{[L]} - y_i \qquad (6\text{-}11)$$

如果是 m 个样本，则式（6-11）可以写成：

$$\frac{\partial L}{\partial Z^{[L]}} = A^{[L]} - Y \qquad (6\text{-}12)$$

经过推导，我们发现多分类函数 Softmax 的梯度 $dZ^{[L]}$ 与二分类函数 Sigmoid 的梯度 $dZ^{[L]}$ 是完全一样的。然后，我们就可以继续进行神经网络的反向传播梯度计算了。

6.5　深层神经网络的 Python 实现

本节将使用 Python 一步一步地搭建深层神经网络模型，并使用它来解决图像的分类问题。在此过程中，通过设置不同深度的神经网络来对比图像识别的准确性。

6.5.1　准备数据

本节选择的数据集来自著名的机器学习竞赛平台 Kaggle 的开源数据集"猫狗大战"图片。原始数据集包含了训练集（25 000 张图片）和测试集（12 500 张图片）。这里，为了简化计算，我们随机选择了 500 张图片作为训练集，200 张图片作为测试集。训练集和测试集中，猫的图片和狗的图片均各占一半。

分别将训练集图片和测试集图片单独放在指定目录下，使用下面的代码导入图片和图片信息：

```
#训练样本
file='./datasets/ch06/train/*.jpg'
coll = io.ImageCollection(file)
# 500 个训练样本, 250 个猫图片, 250 个非猫图片
X_train = np.asarray(coll)
# 输出标签
Y_train = np.hstack((np.ones((1,250)),np.zeros((1,250))))

# 测试样本
file='./datasets/ch06/test/*.jpg'
coll = io.ImageCollection(file)
# 200 个测试样本, 100 个猫图片, 100 个非猫图片
```

```
X_test = np.asarray(coll)
# 输出标签
Y_test = np.hstack((np.ones((1,100)),np.zeros((1,100))))

m_train = X_train.shape[0]
m_test = X_test.shape[0]
w, h, d = X_train.shape[1], X_train.shape[2], X_train.shape[3]

print('训练样本数量: %d' % m_train)
print('测试样本数量: %d' % m_test)
print('每张图片的维度: (%d, %d, %d)' % (w, h, d))
```

运行上述代码后，打印的结果如下：

```
训练样本数量: 500
测试样本数量: 200
每张图片的维度: (64, 64, 3)
```

显然，训练样本数量为 500，测试样本数量为 200。图片的长和宽均为 64，由于是彩色图片，通道数为 3，表示 R、G、B 三个通道。

接下来，我们展示 10 张图片，标签 $y=1$ 表示猫类的图片，标签 $y=0$ 表示非猫类（狗类）的图片。

```
# 随机选择 10 张图片
idx = [np.random.choice(m_train) for _ in range(10)]
label = Y_train[0,idx]
for i in range(2):
    for j in range(5):
        plt.subplot(2, 5, 5*i+j+1)
        plt.imshow(X_train[idx[5*i+j]])
        plt.title("y = "+str(label[5*i+j]))
        plt.axis('off')
plt.show()
```

运行上述代码，随机显示 10 张训练集图片及其对应的标签，如图 6-10 所示。

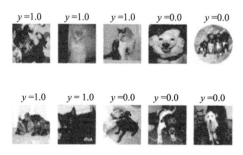

图 6-10　随机显示 10 张训练集图片及其对应的标签

我们知道，一般神经网络的输入层是一维向量，而此三通道图片是三维矩阵，应如何处理呢？一般的处理方法是将图片矩阵平铺式展开为一维向量，如图 6-11 所示。

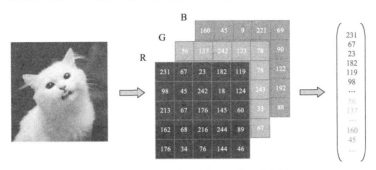

图 6-11　将图片矩阵平铺式展开为一维向量

按照图 6-11 的展开方式，本数据集中图片的维度为(64, 64, 3)，则展开的一维向量的长度是 $64\times64\times3=12\ 288$。

除了要将图片展开为一维向量之外，一般还要将图片所有像素归一化至[0,1]区间，方法很简单，只要把像素值除以 255 即可（像素值一般在 0～255 范围之内）。

图片一维向量化和像素归一化的代码如下：

```
# 图片矩阵转化为一维向量
X_train = X_train.reshape(m_train, -1).T
X_test = X_test.reshape(m_test, -1).T

print('训练样本维度: ' + str(X_train.shape))
print('测试样本维度: ' + str(X_test.shape))

# 图片像素归一化到 [0,1] 之间
X_train = X_train / 255
X_test = X_test / 255
```

运行上述代码，得到打印的结果：

```
训练样本维度: (12288, 500)
测试样本维度: (12288, 200)
```

这样，数据集的准备工作就完成了。

6.5.2　参数初始化

深层神经网络中各层参数 W 和 b 初始化的方法与浅层神经网络中参数初始化的方法类似，初始化函数定义如下：

```
def initialize_parameters(layer_dims):
    """
```

```
函数输入:
    - layer_dims: 列表, 神经网络各层神经元个数, 包含输入层
函数输出:
    - parameters: 存储参数的字典
"""

np.random.seed(5)

parameters = {}                  # 存储参数 W 和 b 的字典
L = len(layer_dims)              # 神经网络的层数, 包含输入层

for l in range(1, L):
    parameters['W' + str(l)] = np.random.randn(layer_dims[l],layer_dims[l-1]) * 0.1
    parameters['b' + str(l)] = np.zeros((layer_dims[l],1))

return parameters
```

在初始化函数 initialize_parameters 中，输入参数 layer_dims 是一个列表，列表中各元素是神经网络各层神经元个数，包括输入层。例如，layer_dims=[2,3,1]表示输入层有 2 个神经元，隐藏层有 3 个神经元，输出层有 1 个神经元。

神经网络各层的参数 W 和 b 被存储在字典 parameters 中，例如 parameters['W1']和 parameters['b1']表示第 1 层隐藏神经元的参数。

6.5.3 前向传播

神经网络的前向传播要选择合适的激活函数。在浅层神经网络中，隐藏层的激活函数选择 tanh 函数，但如果是深层神经网络，隐藏层的激活函数一般选择 ReLU 函数。

深层神经网络中，ReLU 函数的性能比 tanh 函数更好。原因之前也有过介绍，使用 tanh 函数，当|Z|很大的时候，激活函数的斜率（梯度）很小。因此，在这个区域内，梯度下降算法会运行得比较慢。而 ReLU 激活函数在 $Z > 0$ 时梯度始终为 1，从而提高梯度下降算法的运算速度。

ReLU 函数的定义很简单，相应的 Python 代码如下：

```
def relu(Z):
    """
    函数输入:
        - Z: 激活函数输入, 神经元线性输出
    函数输出:
        - A: 激活函数输出, 神经元非线性输出
    """

    A = np.maximum(0,Z)

    return A
```

因为是二分类问题，因此输出层的激活函数就选择 Sigmoid 函数，相应的 Python 代码如下：

```python
def sigmoid(Z):
    """
    函数输入:
        - Z: 激活函数输入，神经元线性输出
    函数输出:
        - A: 激活函数输出，神经元非线性输出
    """

    A = 1 / (1 + np.exp(-Z))

    return A
```

多层神经网络中，使用递归的思想来定义前向传播，先定义单层网络的前向传播函数，计算该层网络的输出 A。

```python
def single_layer_forward (A_prev, W, b, activation):
    """
    函数输入:
        - A_prev: 该层网络的输入，上一层网络的输出
        - W: 该层网络的权重参数
        - b: 该层网络的偏置参数
        - activation: 该层网络使用的激活函数
    函数输出:
        - A: 该层网络输出
        - cache: 存储所有的中间变量 A_prev, W, b, Z
    """

    Z = np.dot(W, A_prev) + b        # 线性输出
    if activation == "sigmoid":
        A = sigmoid(Z)
    elif activation == "relu":
        A = relu(Z)
    cache = (A_prev, W, b, Z)

    return A, cache
```

单层神经网络前向传播函数 single_layer_forward 的输入参数有 4 个：A_prev 为上一层神经网络的输出；W 为该层权重参数；b 为该层偏置参数；activation 为该层使用的激活函数，可设置为 sigmoid 或 relu。

定义了单层网络的前向传播函数之后，就可以构建整个深层神经网络的前向传播函数了。此处需要使用之前推导过的第 l 层深层神经网络前向传播递推公式，递推公式如下：

$$\begin{cases} Z^{[l]} = W^{[l]}A^{[l-1]} + b^{[l]} \\ A^{[l]} = g(Z^{[l]}) \end{cases} \tag{6-13}$$

然后利用 single_layer_forward 函数定义整个网络的前向传播函数 forward_propagation，代码如下：

```
def forward_propagation(X, parameters):
    """
    函数输入：
        - X：神经网络输入
        - parameters：该层网络的权重参数
    函数输出：
        - A：该层网络输出
        - caches：存储各层网络所有的中间变量
    """

    caches = []
    A = X
    L = len(parameters) // 2  # 神经网络层数 L

    # 前 L-1 层使用 ReLU 函数
    for l in range(1, L):
        A_prev = A
        A, cache = single_layer_forward(A_prev,
                                        parameters['W' + str(l)],
                                        parameters['b' + str(l)],
                                        "relu")
        caches.append(cache)

    # 第 L 层使用 Sigmoid 函数
    AL, cache = single_layer_forward(A,
                                     parameters['W' + str(L)],
                                     parameters['b' + str(L)],
                                     "sigmoid")
    caches.append(cache)

    return AL, caches
```

注意，前 $L-1$ 层神经网络，激活函数选择 ReLU；第 L 层神经网络，激活函数选择 Sigmoid。前向传播函数 forward_propagation 最终返回的参数 AL 即预测为猫的图片的概率值。

6.5.4 交叉熵损失

L 层神经网络的交叉熵损失计算方法与浅层神经网络的交叉熵损失计算的方法一致，只需要计算 AL 与 Y 之间的交叉熵，代码如下：

```
def compute_cost(AL, Y):
    """
    函数输入：
```

```
        - AL：神经网络输出层输出
        - Y：神经网络真实标签
    函数输出：
        - cost：交叉熵损失
    """

    m = AL.shape[1]
    cross_entropy = -(Y * np.log(AL) + (1 - Y) * np.log(1 - AL))
    cost = 1.0 / m * np.sum(cross_entropy)

    return cost
```

6.5.5　反向传播

因为在前向传播中使用了激活函数 Sigmoid 和 ReLU，因此，首先要定义它们的求导函数。
ReLU 的求导函数：

```
def relu_backward(dA, Z):
    """
    函数输入：
        - dA：A 的梯度
        - Z：神经网络线性输出
    函数输出：
        - dZ：Z 的梯度
    """

    dZ = np.array(dA, copy=True)
    dZ[Z <= 0] = 0

    return dZ
```

Sigmoid 的求导函数：

```
def sigmoid_backward(dA, Z):
    """
    函数输入：
        - dA：A 的梯度
        - Z：神经网络线性输出
    函数输出：
        - dZ：Z 的梯度
    """

    s = 1/(1 + np.exp(-Z))
    dZ = dA * s * (1-s)

    return dZ
```

然后就可以定义单层神经网络的反向传播函数了。

```python
def single_layer_backward(dA, cache, activation):
    """
    函数输入:
        - dA: A 的梯度
        - cache: 存储所有的中间变量 A_prev, W, b, Z
        - activation: 选择的激活函数
    函数输出:
        - dA_prev: 上一层 A_prev 的梯度
        - dW: 参数 W 的梯度
        - db: 参数 b 的梯度
    """

    A_prev, W, b, Z = cache

    if activation == "relu":
        dZ = relu_backward(dA, Z)
    elif activation == 'sigmoid':
        dZ = sigmoid_backward(dA, Z)

    m = dA.shape[1]
    dW = 1/m*np.dot(dZ,A_prev.T)
    db = 1/m*np.sum(dZ,axis=1,keepdims=True)
    dA_prev = np.dot(W.T,dZ)

    return dA_prev, dW, db
```

单层神经网络反向传播函数 single_layer_backward 的输入参数有 3 个：dA 为该层网络输出 A 的梯度；cache 为前向传播中存储的中间变量 A_prev、W、b、Z，在反向传播中将会用到；activation 为该层使用的激活函数，可设置为 sigmoid 或 relu。

函数最终返回的参数 d$A\_$prev 就是前一层网络 $A\_$prev 的梯度，dW 和 db 分别表示该层网络参数 W 和 b 的梯度。

定义了单层神经网络的反向传播函数之后，就可以构建整个深层神经网络的反向传播函数了。同样，此处需要使用之前推导过的第 l 层深层神经网络反向传播递推公式，递推公式如下：

$$
\begin{cases}
dZ^{[l]} = dA^{[l]} * g'(Z^{[l]}) \\[2mm]
dW^{[l]} = \dfrac{1}{m}dZ^{[l]} \cdot A^{[l-1]T} \\[2mm]
db^{[l]} = \dfrac{1}{m}\sum_{i=1}^{m}dZ^{[l](i)} \\[2mm]
dA^{[l-1]} = W^{[l]T} \cdot dZ^{[l]}
\end{cases}
\tag{6-14}
$$

　　然后利用 single_layer_backward 函数定义整个网络的反向传播函数 backward_propagation，
代码如下：

```
def backward_propagation(AL, Y, caches):
    """
    函数输入：
        - AL：神经网络输出层输出
        - caches：存储所有的中间变量 A_prev, W, b, Z
        - Y：神经网络真实标签
    函数输出：
        - grads：所有参数梯度
    """

    grads = {}
    L = len(caches)          # 神经网络层数
    m = AL.shape[1]          # 样本个数

    # AL 值
    dAL = -(np.divide(Y, AL) - np.divide(1 - Y, 1 - AL))

    # 第 L 层，激活函数是 Sigmoid
    current_cache = caches[L-1]
    grads["dA" + str(L-1)], grads["dW" + str(L)], grads["db" + str(L)] = single_
layer_backward(dAL, current_cache, activation = "sigmoid")

    # 前 L-1 层，激活函数是 ReLU
    for l in reversed(range(L-1)):
        current_cache = caches[l]
        dA_prev_temp, dW_temp, db_temp = single_layer_backward(grads["dA" + str(l + 1)],
current_cache, activation = "relu")
        grads["dA" + str(l)] = dA_prev_temp
        grads["dW" + str(l + 1)] = dW_temp
        grads["db" + str(l + 1)] = db_temp

    return grads
```

　　注意，前 $L-1$ 层神经网络，激活函数选择 ReLU；第 L 层神经网络，激活函数选择 Sigmoid。
反向传播函数 backward_propagation 最终返回的字典 grads 包含了神经网络各层的 $dA^{[l]}$、
$dW^{[l]}$、$db^{[l]}$。

6.5.6　更新参数

　　最后，可以根据梯度下降算法的公式对神经网络各层参数进行更新：

```
def update_parameters(parameters, grads, learning_rate=0.1):
    """
```

```
函数输入：
    - parameters: 网络参数
    - grads: 神经网络参数梯度
函数输出：
    - parameters: 网络参数
"""

L = len(parameters) // 2  # 神经网络层数 L
for l in range(L):
    parameters['W'+str(l+1)] -= learning_rate * grads['dW'+str(l+1)]
    parameters['b'+str(l+1)] -=learning_rate * grads['db'+str(l+1)]

return parameters
```

6.5.7　构建整个神经网络

定义好各个模块之后，就可以构建整个神经网络模型了。接下来，把准备数据、参数初始化、前向传播、交叉熵损失、反向传播、更新参数等模块整合起来，构建神经网络模型 nn_model。

```
def nn_model(X, Y, layers_dims,
            learning_rate = 0.01, num_iterations = 3000):
    """
    函数输入：
        - X: 神经网络输入
        - Y: 样本真实标签
        - layers_dim: 列表，神经网络各层神经元个数，包含输入层和输出层
        - num_iterations: 训练次数
        - learning_rate: 学习率
    函数输出：
        - parameters: 训练完成后的网络参数
    """

    np.random.seed(1)
    costs = []

    # 参数初始化
    parameters = initialize_parameters(layers_dims)

    # 迭代训练
    for i in range(0, num_iterations):

        # 正向传播
        AL, caches = forward_propagation(X, parameters)

        # 计算损失函数
        cost = compute_cost(AL, Y)
```

```
    # 反向传播
    grads = model_backward(AL, Y, caches)

    # 更新参数
    parameters = update_parameters(parameters,
                                   grads, learning_rate)

    # 每迭代 100 次，打印 1 次 cost
    if (i+1) % 100 == 0:
        print ("Cost after iteration %i: %f" %(i+1, cost))
        costs.append(cost)

# 绘制 cost 趋势图
plt.plot(np.squeeze(costs))
plt.ylabel('cost')
plt.xlabel('迭代训练次数（百次）')
plt.title("学习率为 " + str(learning_rate))
plt.show()

return parameters
```

同时，还要定义整个神经网络的预测函数：

```
def predict(X, parameters):
    """
    函数输入：
        - X：神经网络输入
        - parameters：训练完成后的网络参数
    函数输出：
        - Y_pred：预测样本标签
    """

    # L 层模型前向传播
    AL, caches = forward_propagation(X, parameters)
    # 预测标签
    Y_pred = np.zeros((1, X.shape[1]))    # 初始化 Y_pred
    Y_pred[AL > 0.5] = 1    # Y_hat 大于 0.5 的预测为正类

    return Y_pred
```

预测函数 predict 返回的参数 Y_pred 就是预测标签，1 表示预测为猫类的图片，0 表示预测为非猫类的图片。

6.5.8　训练与预测

定义 nn_model 模型之后，就可以用该模型来训练整个神经网络了。为了比较浅层神经网络和深层神经网络的模型性能，先构建一个两层神经网络，对应 nn_model 函数中的参数 layers_dims

设为[12288, 10, 1]。迭代训练次数设为 2000 次，学习率设为 0.01。

```
layers_dims = [12288, 10, 1]    # 两层神经网络
parameters = nn_model(X_train, Y_train, layers_dims,
                      num_iterations=2000,
                      learning_rate=0.01)
```

整个训练过程中，模型的交叉熵损失随迭代次数的变化趋势如图 6-12 所示。

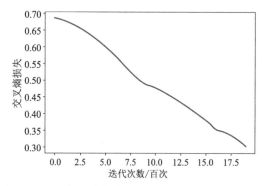

图 6-12　两层神经网络的交叉熵损失随迭代次数的变化趋势

两层神经网络模型训练完成之后，使用该模型对测试集进行预测，计算准确率，代码如下：

```
Y_test_pred = predict(X_test, parameters)
acc_test = np.mean(Y_test_pred == Y_test)
print(acc_test)
```

运行上述代码，测试集分类的准确率为 0.57。这个结果优于随机猜测，但效果也很一般。

构建完简单的两层神经网络之后，再来构建一个较复杂的 5 层神经网络。对应 nn_model 函数中的参数 layers_dims 设为[12288, 200, 100, 20, 6, 1]。迭代训练次数设为 2000 次，学习率设为 0.02。

```
layers_dims = [12288, 200, 100, 20, 6, 1] # 5 层神经网络
parameters = nn_model(X_train, Y_train, layers_dims,
                      num_iterations=2000,
                      learning_rate=0.02)
```

整个训练过程中，模型的交叉熵损失随迭代次数的变化趋势如图 6-13 所示。

5 层神经网络模型训练完成之后，使用该模型对测试集进行预测，代码如下：

```
Y_test_pred = predict(X_test, parameters)
acc_test = np.mean(Y_test_pred == Y_test)
print(acc_test)
```

运行上述代码，测试集分类的准确率为 0.64。与两层神经网络相比，5 层神经网络更加复杂，得到的测试准确率也更高一些。这充分体现了深层神经网络具有比浅层神经网络更强大的分类能力。

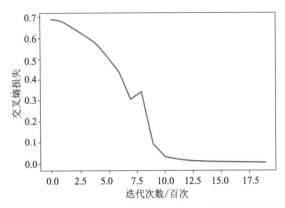

图 6-13 5 层神经网络的交叉熵损失随迭代次数的变化趋势

当然，0.64 的准确率也不能令人满意，我们还可以对构建的神经网络进行算法优化，例如使用各种梯度下降优化算法、使用正则化技术防止过拟合等，这部分内容将在第 7 章进行详细介绍。另外，传统的前馈神经网络并不善于处理复杂的图像分类问题。在机器视觉、图像处理领域，卷积神经网络更有优势，准确率更高，这部分内容将在第 8 章进行详细介绍。

第 7 章

优化神经网络

到目前为止，我们已经介绍了如何搭建浅层神经网络和深层神经网络，以及神经网络的基本知识。神经网络搭建完成之后，还需要对其进行优化，因为神经网络模型也会像其他机器学习模型一样出现过拟合、欠拟合等问题。例如对于图像识别分类问题，即使使用了 5 层神经网络模型，其准确率也仅有 0.64 而已，并不高。另外，传统的梯度下降算法在网络很深、很复杂的时候表现得并不好，甚至无法找到全局最优解。这些都是本章要解决的关键问题。

本章的主要内容就是使用各种常见的、重要的优化技巧来提高神经网络的准确性和训练速度，以提升模型的性能。

7.1 正则化

深层神经网络会让模型变得更加强大，但同时也可能会带来一些危险，即过拟合，解决的办法就是使用各种正则化技巧。

7.1.1 什么是过拟合

任何机器学习模型，包括神经网络都可能存在过拟合问题。模型拟合存在三种情况：欠拟合、适拟合和过拟合。

图 7-1 中，以一个简单的房价预测问题为例，说明了模型拟合的三种情况。图中，横坐标是房屋面积 x，纵坐标是房屋价格 y，随机选择的几个样本（以 "+" 号表示）分布在二维平面上。现在，分别用三个模型来拟合实际的样本点。图 7-1（a）所示模型是一条直线，模型简单，但

是预测值与样本实际值差别较大，这种情况称为欠拟合。图 7-1（c）所示模型是一个 4 阶函数曲线，模型过于复杂，虽然预测值与样本实际值完全吻合，但是该模型在训练样本之外的数据上拟合的效果可能很差，该模型很可能把噪声也学习了，这种情况称为过拟合，即模型过于拟合训练样本，但是泛化能力很差。图 7-1（b）所示模型是一个二阶函数曲线，模型复杂度中等，既能对训练样本有较好的拟合效果，也能保证有不错的泛化能力。

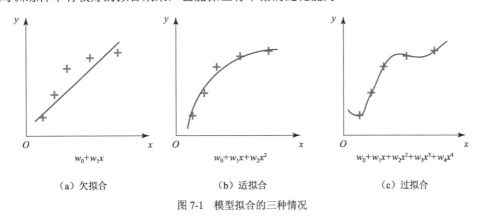

（a）欠拟合　　　　　　　（b）适拟合　　　　　　　（c）过拟合

图 7-1　模型拟合的三种情况

　　训练神经网络模型时，也要尽量避免发生欠拟合或过拟合，让模型既在训练集上有较高的准确率，又具有较好的泛化能力。

　　欠拟合和过拟合分别对应高偏差和高方差。偏差度量了算法的期望预测与真实结果的偏离程度，描述了算法本身对数据的拟合能力，也就是训练数据的样本与训练出来的模型的匹配程度；方差度量了训练集的变化导致学习性能的变化，描述了数据扰动造成的影响；噪声则表示任何学习算法的泛化能力的下界，描述了学习问题本身的难度。所以，任何一个机器学习算法的误差可以拆分成偏差、方差、噪声三个方面，公式如下：

$$误差 = 偏差 + 方差 + 噪声$$

偏差和方差的关系如图 7-2 所示。

　　过拟合是一个很糟糕的问题，那么在神经网络中，如何判断模型是否出现了过拟合呢？一般地，我们会将所有样本数据分成三个部分：训练集、验证集和测试集。训练集用来训练神经网络算法模型；验证集用来验证不同算法的表现情况，以便从中选择最好的算法模型；测试集用来测试最好算法的实际表现，作为该算法的无偏估计。训练集、验证集、测试集各自占的比例可以是 60%、20%、20%，如果训练样本很多，可相应减小验证集和测试集的比例。

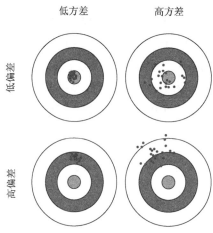

图 7-2 偏差和方差的关系

一般情况下，可以根据训练集和验证集的错误率判断神经网络模型是否发生了过拟合。如果训练集误差为 3%，而验证集误差为 17%，即该算法模型对训练样本的识别很好，但是对验证集的识别却不太好，这说明该模型对训练样本可能存在过拟合，模型泛化能力不强，导致验证集识别率低。如果训练集误差为 18%，而验证集误差为 19%，两者数值接近，即该算法模型对训练样本和验证集的识别都不太好，这说明该模型对训练样本存在欠拟合。如果训练集误差为 18%，而验证集误差为 35%，说明该模型既存在高偏差也存在高方差，这是最坏的情况。如果训练集误差为 3%，而验证集误差为 5%，两者数值相近且较小，说明该模型不存在欠拟合和过拟合，是个不错的模型。上面几种情况如表 7-1 所示。

表 7-1 过拟合、欠拟合列举情况

训练集误差/%	验证集误差/%	误 差 说 明	性 　 能
3	17	低偏差/高方差	过拟合
18	19	高偏差/低方差	欠拟合
18	35	高偏差/高方差	欠拟合/过拟合
3	5	无	好

注意，上面的例子中，默认模型可达到的最小误差是小于 3% 的，这是得出表 7-1 所示结论的基准和前提。

神经网络模型中，一般可以通过增加神经网络隐藏层的层数、神经元的个数，延长训练时间等措施来提高模型复杂度。但是为了避免发生过拟合，通常需要采取一些方法提高模型的泛化能力。下面，我们就来介绍几种防止过拟合的方法。

7.1.2 L2 正则化和 L1 正则化

什么是正则化？通俗地讲，正则化就是指在代价函数后加上一个正则化项，正则化项也叫惩罚项。

1. L2 正则化

L2 正则化就是在代价函数后面加上神经网络各层的权重参数 W 所有元素的二次方和。此时，整个神经网络的代价函数为：

$$J = \frac{1}{m}\sum_{i=1}^{m} L(a^{[l](i)}, y^{(i)}) + \frac{\lambda}{2m}\sum_{l=1}^{L} \| W^{[l]} \|^2 \tag{7-1}$$

式中，等式右边第一项是我们之前介绍过的神经网络损失；等式右边第二项是神经网络各层的权重参数 W 所有元素的二次方和。式（7-1）中，$\| W^{[l]} \|^2$ 可由下式计算：

$$\| W^{[l]} \|^2 = \sum_{i=1}^{n^{[l]}} \sum_{j=1}^{n^{[l-1]}} (W_{ij}^{[l]})^2 \tag{7-2}$$

式中，$n^{[l]}$ 表示第 l 层神经元的个数；$n^{[l-1]}$ 表示第 $l-1$ 层神经元的个数。因为 $W^{[l]}$ 是一个矩阵，所以可以简单理解为计算矩阵内所有元素的二次方和。

值得注意的是，一般只对权重参数 W 进行正则化而不对偏置参数 b 进行正则化，原因是一般 W 的维度很大，而 b 只是一个常数。相对来说，参数在很大程度上由 W 决定，改变 b 值对整体模型的影响较小。所以，一般为了简便计算，会忽略对 b 的正则化。但是，对 b 进行正则化也没有什么不妥，只是稍微复杂了一些，而且没什么必要。

有一个很重要的问题：为什么加上 L2 正则化项之后就能有效减少过拟合呢？我们可以这样来简单地理解：整个代价函数 J 中添加了正则化项 $\| W \|^2$，$\| W \|^2$ 相当于神经网络参数 W 的惩罚项，神经网络模型之所以发生过拟合，是因为参数 W 普遍比较大。例如图 7-1（c），对应系数 w_0、w_1、w_2、w_3、w_4 都比较大，这样模型就过拟合了。那么，消除这一问题的方法之一就是尽量让高阶系数 w_3、w_4 足够小，达到可以忽略不计的效果，这样模型就接近图 7-1（b）了。

在代价函数 J 中添加惩罚项 $\| W \|^2$，训练神经网络的目标就是尽量减小代价函数 J，这样就相当于增加对神经网络参数 W 的惩罚，让 W 不至于过大，在一定程度上限制了 W 的"任意"增长。从特征的角度来解释就是特征变量过多会导致过拟合，为了防止过拟合会选择一些比较重要的特征变量，而删掉很多次要的特征变量。但是，我们实际上却希望利用这些特征信息，所以可以添加正则化项来约束这些特征变量，使这些特征变量的权重很小，接近于 0，这样既能保留这些特征变量，又不至于使这些特征变量的影响过大。

2. L1 正则化

刚才介绍的是 L2 正则化，L1 正则化的基本原理与 L2 正则化完全一样，只是正则化项不一样。

L1 正则化就是在代价函数后面加上神经网络各层的权重参数 W 所有元素的绝对值之和。此时，整个神经网络的代价函数为：

$$J = \frac{1}{m}\sum_{i=1}^{m} L(a^{[l](i)}, y^{(i)}) + \frac{\lambda}{m}\sum_{l=1}^{L} |W^{[l]}| \tag{7-3}$$

式中，等式右边第一项是我们之前介绍过的神经网络损失；等式右边第二项是神经网络各层的权重参数 W 所有元素的绝对值之和。式（7-3）中，$|W^{[l]}|$ 可由下式计算：

$$|W^{[l]}| = \sum_{i=1}^{n^{[l]}}\sum_{j=1}^{n^{[l-1]}} |W_{ij}^{[l]}| \tag{7-4}$$

在代价函数 J 中添加惩罚项 $|W|$，同样是增加对神经网络参数的惩罚项，让 W 不至于过大，在一定程度上限制 W 的增长，有效减小过拟合。

3. L1 正则化与 L2 正则化对比

既然 L1 正则化和 L2 正则化都可以减小过拟合，那么这两种方法有什么不同呢？实际应用的时候又该选择使用哪种正则化呢？

我们再来看看 L1 正则化和 L2 正则化的解的分布性。

以二维平面为例，图 7-3（a）所示为 L2 正则化的解的分布；图 7-3（b）所示为 L1 正则化的解的分布。靶心处是最优解，w^* 是正则化限制下的最优解。对于 L2 正则化来说，限定区域是圆，得到的解 w_1 或 w_2 为 0 的概率很小，很大概率是非零的。对于 L1 正则化来说，限定区域是正方形，w^* 位于坐标顶点的概率很大，即 w_1 或 w_2 为 0，这从视觉和常识上来看是很容易理解的，所以 L1 正则化的解具有稀疏性。

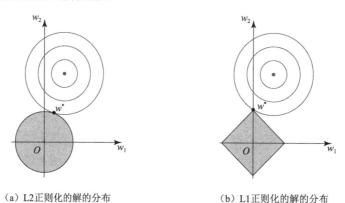

（a）L2正则化的解的分布　　　　　　（b）L1正则化的解的分布

图 7-3　L2 正则化和 L1 正则化的解的分布

总之，L2 正则化使模型的解偏向于范数较小的 W，通过限制 W 范数的大小实现对模型空间的限制，从而在一定程度上避免了过拟合。但是 L2 正则化不具有产生稀疏解的能力，得到的系数仍然需要依据数据中的所有特征才能计算预测结果，从计算量上来说并没有得到改观。相比而言，L1 正则化的优良性质是能产生稀疏解，导致 W 中的许多项变成 0。稀疏的解除了具有计算量上的好处之外，重要的是更具有可解释性，只会留下对模型有帮助的关键特征。

4. 正则化系数

L1 正则化和 L2 正则化公式中都有一个参数 λ，既正则化系数，实际上起到了权衡训练样本误差和正则化项的作用。λ 越大，表示对参数 W 的惩罚越大，从而更限制了 W 的大小，进一步减小过拟合。但是，如果 λ 过大，会造成所有 W 过小，甚至趋于 0，模型反而容易发生欠拟合，也就是说模型太简单了；相反，λ 越小，则正则化的效果越小。考虑极端情况，当 λ 趋于 0 时，近似没有进行正则化，容易发生过拟合。

举个简单的例子，同一个模型，不同正则化系数 λ 对应的分类边界如图 7-4 所示。

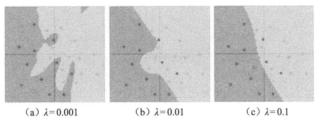

(a) $\lambda = 0.001$ (b) $\lambda = 0.01$ (c) $\lambda = 0.1$

图 7-4 不同正则化系数 λ 对应的分类边界

由图 7-4 可以明显看出，λ 越大，正则化效果越明显，得到的分类边界就越平滑简单；而 λ 越小，正则化效果就越弱，得到的分类边界就越复杂，越容易发生过拟合。

构建神经网络模型时，正则化系数 λ 没有固定的取值，一般选择几个不同的 λ，分别验证模型的准确率和性能，最后根据结果选择最佳的正则化系数 λ。

7.1.3 Dropout 正则化

L1 正则化和 L2 正则化适用于大部分机器学习算法及神经网络。本小节将介绍另一种专门应用于神经网络的正则化方法——Dropout 正则化。

训练神经网络的时候会使用整个神经网络的所有神经元，但是从正则化的角度来看，这样反而可能会带来过拟合的风险。Dropout 正则化，顾名思义，是指在深层神经网络的训练过程中，按照一定的概率将每层的神经元暂时从神经网络中丢弃。也就是说，每次训练时，每一层都有部分神经元不工作，将它们丢弃可起到简化复杂神经网络模型的效果，从而避免发生过拟合，提高模型的泛化能力。

图 7-5（a）所示为应用 Dropout 正则化之前的神经网络；图 7-5（b）所示为应用了 Dropout 正则化的同一个神经网络。Dropout 正则化的传统方法是：在模型训练阶段，每层的所有神经元将以概率 p 被保留（Dropout 正则化的丢弃率为 $1-p$）。在模型测试阶段，保留所有神经元，但是每层神经元的输出激活值都要乘以 p。之所以乘上 p 是因为测试阶段保留了所有神经元，没有丢弃神经元，以保证测试阶段和训练阶段具有同样的输出期望。但这需要对测试的代码进行更改并增加测试时的计算量，因此也影响测试的性能。

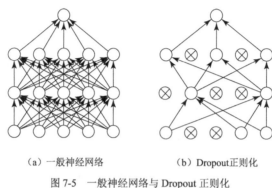

（a）一般神经网络   （b）Dropout 正则化

图 7-5 一般神经网络与 Dropout 正则化

因此，现在更多地使用一种 Dropout 正则化方法，叫作 Inverted Dropout。它的具体做法是：在模型训练阶段，每层的所有神经元将以概率 p 被保留，然后原神经元的输出直接除以 p，以获得同样的期望值。而在模型测试阶段，则不需要进行 Dropout 正则化和随机删减神经元的操作，此时所有的神经元都在工作。这相当于把整个 Dropout 正则化操作都放在了训练阶段完成，目的是提高模型测试时的运算速度，简化模型。而且，如果要改变 p 值，只需要修改训练阶段的代码，而测试阶段的推断代码没有用到 p，就不需要修改了，降低了写错代码的概率。

举个例子来说明 Inverted Dropout 的具体操作，假设第 l 层神经元的输出是 $a^{[l]}$，保留神经元的概率 $p=0.8$，即该层有 20% 的神经元停止工作。经过 Dropout 正则化操作，随机删减 20% 的神经元，只保留 80% 的神经元。最后，还要对 $a^{[l]}$ 按比例增大，即除以 p。相应的 Python 示例代码如下：

```
keep_prob = 0.8
dl = np.random.rand(al.shape[0],al.shape[1]) < keep_prob
al = np.multiply(al,dl)
al /= keep_prob
```

迭代训练过程中，每次迭代时，都会随机删除隐藏层一定数量的神经元；然后，在剩下的神经元上进行正向传播和反向传播，更新权重参数 W 和偏置参数 b。一般情况下，每次迭代训练都会随机选取各层不同的神经元，这样最大限度地保证了 Dropout 的效果。

为什么 Dropout 正则化有防止过拟合的效果呢？从权重参数 W 的角度来看，对于某个神经元来说，某次训练时，它的某些输入被 Dropout 正则化的作用过滤了。而在下一次训练时，又有某些不同的输入被过滤。经过多次训练，某些输入被过滤，某些输入被保留。这样，该神经元就不会因某个输入而受到非常大的影响，即影响被各个输入均匀化了。也就是说，一般不会出现某个输入权重 W 很大的情况。从效果上来说，Dropout 正则化与 L2 正则化的效果是类似的，都是对权重参数 W 进行了"惩罚"，限制 W 过大。Dropout 正则化的过程如图 7-6 所示。

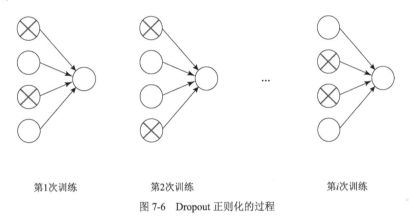

第1次训练　　　　　第2次训练　　　　　　　　第i次训练

图 7-6　Dropout 正则化的过程

从神经元角度来看，每次舍弃一定数量的隐藏层神经元，相当于在不同的神经网络上进行训练，这样就减少了各神经元之间的依赖性，即每个神经元不能依赖于某几个其他神经元（指层与层之间相连接的神经元），使神经网络能学习到更加健壮、具有泛化能力的特征，能够有效减小过拟合。

使用 Dropout 正则化有以下几点实用的建议：

（1）不同隐藏层的 Dropout 系数 keep_prob 可以不同。一般来说，神经元较多的隐藏层，keep_prob 可以设置得小一些，如 0.5；神经元较少的隐藏层，keep_out 可以设置得大一些，如 0.8。

（2）实际应用中，不建议对输入层进行 Dropout 正则化，如果输入层维度很大，例如图片，那么可以设置 Dropout 正则化，但是 keep_prob 应设置得大一些，如 0.8、0.9。

（3）原则上来说，越容易出现过拟合的隐藏层，其 keep_prob 应设置得越小。通常可以使用交叉验证来选择 keep_prob 值的大小。

（4）对绘制的损失函数进行调试时，一般做法是将所有层的 keep_prob 全设置为 1 之后再绘制，即涵盖所有神经元，判断损失函数是否单调下降。下一次迭代训练时，再将 keep_prob 设置为其他值。也就是说，绘制损失函数时使用的是所有神经元。

7.1.4 其他正则化技巧

除了 L1 正则化、L2 正则化、Dropout 正则化之外，还有一些其他正则化技巧可以避免发生过拟合。

首先，一种最直接、最有效的方法就是增加训练样本，但是有时候直接获取更多样本的成本通常比较高，我们可以对已有的训练样本进行一些处理以"制造"出更多的样本，这种方法被称为数据增强。例如在图片识别过程中，我们可以对已有的图片进行轻微扭曲、水平翻转、垂直翻转、任意角度旋转、缩放或扩大等操作，这样就能有效地在原有样本的基础上创造出更多有效的样本数据，而且操作简单，不需要增加额外的成本。

下面列举几种常见的数据增强技术：

（1）Color Jittering：对颜色数据增强，包括图像亮度、饱和度、对比度变化。

（2）Random Scale：尺度变换。

（3）Random Crop：采用随机图像差值方式对图像进行裁剪、缩放。

（4）Horizontal/Vertical Flip：水平/垂直翻转。

（5）Shift：平移变换。

（6）Rotation/Reflection：旋转/仿射变换。

（7）Noise：高斯噪声、模糊处理。

图 7-7 示意了几种简单的数据增强技术，包括剪裁、缩放、翻转等。

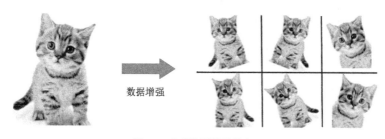

数据增强

图 7-7　几种数据增强技术

除了数据增强之外，还有一种防止过拟合的方法就是选取合适的迭代训练次数。一般来说，随着迭代训练次数的增加，神经网络模型训练集的准确率一般是逐渐增大的，而测试集的准确率会先增大后减小。也就是说，训练次数过多时，模型会对训练样本拟合得越来越好，但是对测试集的拟合效果会逐渐变差，即发生了过拟合。因此，迭代训练次数不是越多越好，可以根据训练集的准确率和测试集的准确率随着迭代次数的变化趋势，通过交叉验证选择合适的迭代次数，这种方法被称为早停法，即不要让模型训练次数过多。

实际模型训练时，训练集的准确率和测试集的准确率随迭代次数的变化趋势如图 7-8 所示。

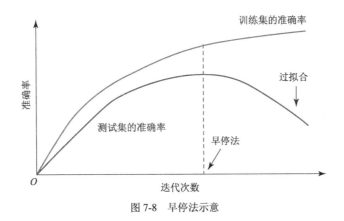

图 7-8　早停法示意

如图 7-8 所示，一般要在模型发生过拟合（即测试集的准确率下降）之前停止训练，此时的模型应该能在训练集和测试集上都有不错的表现。

7.2　梯度优化

7.1 节主要介绍了如何在神经网络模型中防止出现过拟合问题，常用的方法是 L1 正则化、L2 正则化、Dropout 正则化、数据增强、早停法等。本节将重点介绍如何使用梯度优化来使神经网络的训练更快、更有效率。

7.2.1　批量梯度下降、随机梯度下降和小批量梯度下降

梯度下降算法是构建神经网络模型、优化模型参数的一种最常见、最重要的算法之一。关于梯度下降算法的基本原理，之前在介绍逻辑回归的时候就已经详细介绍过了。读者应该注意到，我们之前在训练模型的时候，每一次都会对整个训练集使用梯度下降算法进行训练。例如有 100 个训练样本，那么在 1 次训练过程中，梯度下降算法会使用这 100 个训练样本来更新参数。这种一次训练使用所有样本的梯度下降算法被称为批量梯度下降（Batch Gradient Descent，BGD）。其中，批量是指整个训练集里包含的所有样本。

批量梯度下降是一种最常见的做法，也是最简单的做法。在整个训练集数据量不多的情况下，使用批量梯度下降是较好的选择。但是在整个训练集数据量很大的情况下，例如百万数量级的数据量（这在大型的深度学习神经网络里是比较常见的），一次训练就要对整个训练集包含的所有样本进行处理，这样会影响运算速度，增加模型的训练时间。

既然批量梯度下降一次训练整个训练集，速度较慢，那么考虑一种极端的情况，就是每次训练只随机选择一个样本，即只对一个样本进行梯度下降算法的训练。这种做法被称为随机梯度下降（Stochastic Gradient Descent，SGD）。

随机梯度下降每次使用一个训练样本来更新模型参数。每次训练时，一般先随机打乱整个训练集，然后依次选择一个样本来训练并更新模型参数，直到所有样本都遍历完，这样就完成了一轮训练。与批量梯度下降相比，随机梯度下降每次只训练一个样本，这样的好处就是使运算速度大大提高，减少模型的训练时间。

实际上，批量梯度下降和随机梯度下降是两种极端的情况：一个训练整个数据集；另一个训练单个样本。另外一种梯度下降算法是对这两种方法的折中，即每次训练整个数据集的一部分样本。例如有 100 个训练样本，那么可以将这 100 个样本划分成 5 份，每次训练其中的 1 份，即 20 个样本，直到 5 份数据子集都训练完成之后，就完成了一次训练。这种做法被称为小批量梯度下降（Mini-Batch Gradient Descent，MBGD）。

通常，我们把训练完整个数据集称为一个 epoch，迭代训练次数为 N，则代表有 N 个 epoch。如果将整个训练集划分成 T 个小批量样本集（mini-batch），那么在一个 epoch 中就会进行 T 次训练。小批量梯度下降的伪代码如下：

```
for epoch = 1,...,N
    for t = 1,...,T
        前向传播
        计算损失函数
        反向传播
        W = W - learning_rate * dW
        b = b - learning_rate * db
```

值得一提的是，每次 epoch 训练之前，最好随机打乱所有训练样本，再重新随机分成 T 个小批量样本集。这样可以使每个小批量样本集都有随机差异性，更有利于对神经网络进行有效的训练。

我们刚才介绍了批量梯度下降、随机梯度下降和小批量梯度下降三种梯度下降算法。从运算速度的角度来说，批量梯度下降最慢，随机梯度下降最快，小批量梯度下降介于两者之间。

我们先从梯度下降算法的性能角度比较一下批量梯度下降与小批量梯度下降损失函数的特性。

图 7-9 中显示的是批量梯度下降和小批量梯度下降损失函数的变化趋势。一般来说，批量梯度下降损失函数的下降过程是比较平滑的，但是小批量梯度下降的损失函数会出现一定的振荡，但从整体上来看，损失函数也是下降的。发生振荡的原因是小批量梯度下降每次更新参数都使用不同的小批量样本集，模型可能出现不同的表现，这是一种比较正常的现象。虽

然稍有振荡，但是整体的损失函数一般也是逐渐降低的。因此，从性能上来说，小批量梯度下降不比批量梯度下降差，而且小批量梯度下降的运算速度更快一些。

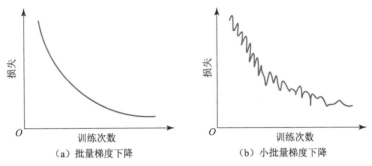

图 7-9　批量梯度下降与小批量梯度下降损失函数的变化趋势

接下来，我们再从全局最优解的角度来比较批量梯度下降、随机梯度下降和小批量梯度下降，这三种算法的优化曲线如图 7-10 所示。

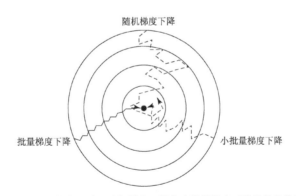

图 7-10　批量梯度下降、随机梯度下降和小批量梯度下降的优化曲线

图 7-10 展示了批量梯度下降、随机梯度下降和小批量梯度下降的优化曲线，图 7-10 的中心表示全局最优值。我们发现：批量梯度下降会比较平稳地接近全局最小值，但因为使用了所有样本，每次前进的速度有些慢，消耗的时间也有些长；随机梯度下降每次前进速度很快，但是路线曲折，有较大的振荡，最终会在最小值附近来回波动，难以真正达到全局最优值；小批量梯度下降每次前进速度较快，且振荡较小，基本能接近全局最优值。也就是说，小批量梯度下降结合了批量梯度下降和随机梯度下降的优点，效果也更好一些。

根据实际表现，我们来总结批量梯度下降、随机梯度下降和小批量梯度下降各自的优点与缺点。

（1）批量梯度下降：优点是振荡较小，容易收敛；缺点是每次要对整个训练集进行处理，那么在样本的数量很大的时候，耗费时间就会比较长。

（2）随机梯度下降：优点是每次只对一个样本进行梯度下降，速度快，整体趋势是向最小值逼近；缺点是振荡很大，只会在最小值附近不断波动，不会到达也不会停留，而且因为每次都只是对一个样本进行处理，不能通过向量化来进行加速。

（3）小批量梯度下降：优点是可以进行向量化，而且不用等待整个训练集训练完就可以进行后续的工作，在速度和收敛上做了较好的权衡；缺点是不会像批量梯度下降那样一直朝着最优值的方向前进，但与随机梯度下降相比，会更持续地靠近最小值。

那么，在实际应用中，应选择哪种梯度优化算法呢？一般根据训练样本的数量来决定：如果训练样本的数量不是太大，例如小于 2000，则三种梯度下降算法在速度上差别不大，可以直接使用批量梯度下降；如果样本数量很大时，则一般使用小批量梯度下降。

值得注意的是，小批量梯度下降中小批量样本数量的选择。因为小批量样本的数量也是一个影响算法效率的重要参数。一般小批量样本的数量为 64～512，选择 2 的 n 次幂会运行得相对快一些。这样设置是为了符合硬件的内存要求，因为内存单元存储的数据大小一般都是 2^n。这方面的知识，读者只要了解一下就可以了。

7.2.2 动量梯度下降算法

我们刚刚介绍的批量梯度下降、随机梯度下降和小批量梯度下降算法都基于传统的梯度下降算法公式，参数的更新公式为：

$$\begin{cases} W = W - \alpha \cdot dW \\ b = b - \alpha \cdot dW \end{cases} \tag{7-5}$$

可以看到，每次更新，参数 W 和 b 只与当前的梯度 dW 和 db 有关，这种方法可能会造成下降过程中的振荡现象。振荡不仅会影响模型的训练速度，还可能使模型无法找到全局最优值。

解决这一问题的方法之一就是使用动量梯度下降（Momentum GD）算法。动量梯度下降算法是在每次训练时，对梯度进行指数加权处理，然后用得到的梯度值更新参数 W 和 b。该算法的关键是对梯度进行了指数加权，权重系数 W 和偏置系数 b 的指数加权表达式如下：

$$\begin{cases} V_{dW} = \beta \cdot V_{dW} + (1 - \beta) \cdot dW \\ V_{db} = \beta \cdot V_{db} + (1 - \beta) \cdot db \end{cases} \tag{7-6}$$

式中，dW 和 db 分别为本次迭代训练中的 W 和 b 的梯度；V_{dW} 和 V_{db} 分别表示指数加权移动平均算法（EWMA）修正的 dW 和 db，V_{dW} 和 V_{db} 的初始值为 0，每次迭代训练后，其值由上一次的 V_{dW}、V_{db} 以及 dW、db 共同决定并更新；β 是加权系数，取值范围为 [0,1]，一般取 0.8 或 0.9 均可。

由动量梯度下降算法式（7-6）可以看出，V_{dW} 和 V_{db} 由之前 W 和 b 的梯度以及当前 W 和

b 的梯度共同决定，这是一种加权平均的形式。这样有什么好处呢？加权平均能让 V_{dW} 和 V_{db} 每次更新不会有太大的振荡。而且，β 越接近 1，加权平均的效果越明显，振荡越小。也就是说，当前的梯度是渐变的，而不是瞬变的，对梯度的变化起到平滑的作用。这保证了梯度下降的平稳性和准确性，能够较快地达到全局最优值。

为便于理解，我们来举一个简单的例子，以参数 W 为例，令 $V_0 = 0$、$\beta = 0.9$，则根据式（7-6）递推可得：

$$\begin{cases} V_1 = \beta \cdot V_0 + (1-\beta)\mathrm{d}W_1 = 0.1\mathrm{d}W_1 \\ V_2 = \beta \cdot V_1 + (1-\beta)\mathrm{d}W_2 = 0.9 \cdot 0.1\mathrm{d}W_1 + 0.1\mathrm{d}W_2 \\ V_3 = \beta \cdot V_2 + (1-\beta)\mathrm{d}W_3 = 0.9^2 \cdot 0.1\mathrm{d}W_1 + 0.9 \cdot 0.1\mathrm{d}W_2 + 0.1\mathrm{d}W_3 \\ V_4 = \beta \cdot V_3 + (1-\beta)\mathrm{d}W_4 = 0.9^3 \cdot 0.1\mathrm{d}W_1 + 0.9^2 \cdot 0.1\mathrm{d}W_2 + 0.9 \cdot 0.1\mathrm{d}W_3 + 0.1\mathrm{d}W_4 \\ \cdots\cdots \end{cases} \tag{7-7}$$

由上面的递推展开式可以看到，V 不仅与当前的 $\mathrm{d}W$ 有关，还与之前的 $\mathrm{d}W$ 有关，且 β 越大，与之前数据的相关性就越大。

然后，根据式（7-6）计算出 V_{dW} 和 V_{db} 之后，就可以使用 V_{dW} 和 V_{db} 来更新网络参数 $\mathrm{d}W$ 和 $\mathrm{d}b$，公式如下：

$$\begin{cases} W = W - \alpha \cdot V_{dW} \\ b = b - \alpha \cdot V_{db} \end{cases} \tag{7-8}$$

下面我们来比较传统梯度下降与动量梯度下降的实际训练效果，如图 7-11 所示。

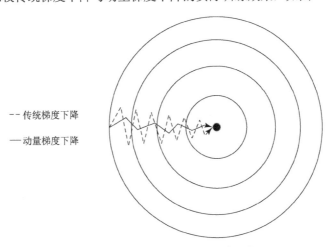

图 7-11　传统梯度下降与动量梯度下降

如图 7-11 所示，虚线表示传统梯度下降；实线表示动量梯度下降。显然，传统梯度下降的优化路径比较曲折，振荡较大，而且每一点处的梯度只与当前方向有关，产生类似折线的效果，前进缓慢，达到全局最优解的耗时更多。而动量梯度下降算法对梯度进行指数加权，这样不仅使当前梯度与当前方向有关，还与之前的方向有关，这样的处理使梯度前进方向更加平滑，减少振荡，能够更快地到达全局最优值处。

使用 Python 实现动量梯度下降算法的示例代码如下：

```
dW = compute_gradient(W)
db = compute_gradient(b)
Vdw = beta*Vdw + (1-beta)*dW
Vdb = beta*Vdb + (1-beta)*db
W -= alpha*Vdw
b -= alpha*Vdb
```

7.2.3　牛顿动量

牛顿动量（Nesterov Momentum）是动量梯度下降的变种，它与动量梯度下降最大的区别就是计算梯度的不同。牛顿动量先用当前的 V 更新参数梯度 dW 和 db，再用更新的参数梯度来计算新的 V，相当于是添加了矫正因子的动量梯度下降。牛顿动量可以防止因优化算法走得太快而错过极小值，使其对变动的反应更灵敏。

牛顿动量的迭代更新公式如下：

$$\begin{cases} \mathrm{d}\boldsymbol{W} = \nabla J(\boldsymbol{W} + \beta \cdot V_{\mathrm{d}W}) \\ \mathrm{d}b = \nabla J(b + \beta \cdot V_{\mathrm{d}b}) \\ V_{\mathrm{d}W} = \beta \cdot V_{\mathrm{d}w} - \alpha \cdot \mathrm{d}\boldsymbol{W} \\ V_{\mathrm{d}b} = \beta \cdot V_{\mathrm{d}b} - \alpha \cdot \mathrm{d}b \\ \boldsymbol{W} = \boldsymbol{W} + V_{\mathrm{d}W} \\ b = b + V_{\mathrm{d}b} \end{cases} \tag{7-9}$$

式中，∇J 表示梯度计算。算法首先使用当前的 $V_{\mathrm{d}W}$ 和 $V_{\mathrm{d}b}$ 更新 $\boldsymbol{W}$ 和 b，得到 $\boldsymbol{W} + \beta \cdot V_{\mathrm{d}W}$ 和 $b + \beta \cdot V_{\mathrm{d}b}$，并计算更新后的梯度 d$\boldsymbol{W}$ 和 db；然后再更新 $V_{\mathrm{d}W}$ 和 $V_{\mathrm{d}b}$；α 是学习率；最后更新参数 $\boldsymbol{W}$ 和 b。

使用 Python 实现牛顿动量的示例代码如下：

```
dW = compute_gradient(W+beta*Vdw)
db = compute_gradient(b+beta*Vdb)
Vdw = beta*Vdw - alpha*dW
Vdb = beta*Vdb - alpha*db
W += Vdw
b += Vdb
```

一般来说，牛顿动量除了速度较快之外，振荡也更小一些，相比动量梯度下降，性能更好。

7.2.4　AdaGrad

在我们介绍过的梯度优化算法中，对每一个参数 W 和 b 的更新都使用了相同的学习率 α。AdaGrad（Adaptive Gradient）算法的思想是：每次更新参数时（一次迭代），不同的参数使用不同的学习率。

AdaGrad 算法对从开始到当前迭代训练的每个参数梯度进行平方和累计，则参数更新公式如下：

$$\begin{cases} S_{dW} = S_{dW} + (dW)^2 \\ S_{db} = S_{db} + (db)^2 \\ W = W - \alpha \dfrac{dW}{\sqrt{S_{dW} + \varepsilon}} \\ b = b - \alpha \dfrac{db}{\sqrt{S_{db} + \varepsilon}} \end{cases} \tag{7-10}$$

式中，ε 是常数，一般取 1e-7，主要作用是防止分母为零。由式（7-9）可以发现，对于梯度较大的参数，S 相对较大，则 $\dfrac{1}{\sqrt{S + \varepsilon}}$ 较小，意味着实际学习率 $\dfrac{\alpha}{\sqrt{S + \varepsilon}}$ 会变得较小；而对于梯度较小的参数，则效果恰恰相反。这样的好处是既能防止梯度过大产生振荡，又可以使参数在平缓的地方下降得稍微快些，不至于徘徊不前。

AdaGrad 也有缺点，由于是累积梯度的平方，到后面累积的数值比较大，会导致实际学习率 $\dfrac{\alpha}{\sqrt{S + \varepsilon}}$ 越来越小，导致梯度消失。深度学习"大神"Yoshua Bengio 和 Ian GoodFellow 曾指出，在凸优化中，AdaGrad 算法具有一些令人满意的理论性质。但是，在实际使用中已经发现，对于训练深度神经网络模型而言，从训练开始时累积梯度平方会导致学习率过早、过量地减少。AdaGrad 算法在某些深度学习模型上效果不错，但不是全部。

使用 Python 实现牛顿动量的示例代码如下：

```
dW = compute_gradient(W)
db = compute_gradient(b)
dW_squared += dW*dW
db_squared += db*db
W -= alpha*dW/(np.sqrt(dW_squared)+1e-7)
b -= alpha*db/(np.sqrt(db_squared)+1e-7)
```

7.2.5　RMSprop

RMSprop（Root Mean Square prop）是 Geoff Hinton 提出的一种自适应学习率方法。AdaGrad 会累加之前所有的梯度平方，而 RMSprop 是对 AdaGrad 的改进，引入了动量梯度下降中的加权平均的思想，只保留过去给定窗口大小的梯度，使其能够较快地收敛。RMSprop 的参数更新公式如下：

$$
\begin{cases}
S_{\mathrm{d}W} = \beta \cdot S_{\mathrm{d}W} + (1-\beta)(\mathrm{d}W)^2 \\
S_{\mathrm{d}b} = \beta \cdot S_{\mathrm{d}b} + (1-\beta)(\mathrm{d}b)^2 \\
W = W - \alpha \cdot \dfrac{\mathrm{d}W}{\sqrt{S_{\mathrm{d}W}} + \varepsilon} \\
b = b - \alpha \cdot \dfrac{\mathrm{d}b}{\sqrt{S_{\mathrm{d}b}} + \varepsilon}
\end{cases}
\tag{7-11}
$$

式中，β 与动量梯度下降中的 β 一样，是加权系数；ε 是常数，一般取 1e-7；α 是学习率。

在实际使用过程中，RMSprop 已被证明是一种有效且实用的深度神经网络优化算法，是目前深度学习从业人员经常采用的优化算法之一。

使用 Python 实现 RMSprop 的示例代码如下：

```
dW = compute_gradient(W)
db = compute_gradient(b)
Sdw = beta*Sdw + (1-beta)*dW*dW
Sdb = beta*Sdb + (1-beta)*db*db
W -= alpha*dW / (np.sqrt(Sdw)+1e-7)
b -= alpha*db / (np.sqrt(Sdb)+1e-7)
```

7.2.6　Adam

Adam 实际上是把动量梯度下降和 RMSprop 结合起来的一种算法。Adam 的参数更新公式如下：

$$
\begin{cases}
V_{\mathrm{d}W} = \beta_1 \cdot V_{\mathrm{d}W} + (1-\beta_1) \cdot \mathrm{d}W, \ V_{\mathrm{d}b} = \beta_1 \cdot V_{\mathrm{d}b} + (1-\beta_1) \cdot \mathrm{d}b \\
S_{\mathrm{d}W} = \beta_2 S_{\mathrm{d}W} + (1-\beta_2)(\mathrm{d}W)^2, \ S_{\mathrm{d}b} = \beta_2 S_{\mathrm{d}b} + (1-\beta_2)(\mathrm{d}b)^2 \\
V_{\mathrm{d}W}^{\mathrm{correct}} = \dfrac{V_{\mathrm{d}W}}{1-\beta_1^t}, \ V_{\mathrm{d}b}^{\mathrm{correct}} = \dfrac{V_{\mathrm{d}b}}{1-\beta_1^t} \\
S_{\mathrm{d}W}^{\mathrm{correct}} = \dfrac{S_{\mathrm{d}W}}{1-\beta_2^t}, \ S_{\mathrm{d}b}^{\mathrm{correct}} = \dfrac{S_{\mathrm{d}b}}{1-\beta_2^t} \\
W = W - \alpha \dfrac{V_{\mathrm{d}W}^{\mathrm{correct}}}{\sqrt{S_{\mathrm{d}W}^{\mathrm{correct}}} + \varepsilon}, \ b = b - \alpha \dfrac{V_{\mathrm{d}b}^{\mathrm{correct}}}{\sqrt{S_{\mathrm{d}b}^{\mathrm{correct}}} + \varepsilon}
\end{cases}
\tag{7-12}
$$

式中，t 是当前迭代次数，每个小批量样本训练完成之后，t 都会加 1。Adam 算法包含了几个超参数，分别是 α、β_1、β_2。其中，β_1 通常设置为 0.9，β_2 通常设置为 0.999，ε 通常设置为 1e-7，一般只需要对 β_1 和 β_2 进行调试。

Adam 算法的优点主要在于经过偏置校正后，每一次迭代学习率都有个确定范围，使参数比较平稳。Adam 算法结合了动量梯度下降和 RMSprop 各自的优点，使神经网络训练速度大大提高。

使用 Python 实现 Adam 的示例代码如下：

```
dW = compute_gradient(W)
db = compute_gradient(b)
Vdw = beta1*Vdw + (1-beat1)*dW
Vdb = beta1*Vdb + (1-beta1)*db
Sdw = beta2*Sdw + (1-beta2)*dW*dW
Sdb = beta2*Sdb + (1-beta2)*db*db
Vdw_corrected = Vdw / (1 - beta1**t)
Vdb_corrected = Vdb / (1 - beta1**t)
Sdw_corrected = Sdw / (1 - beta2**t)
Sdb_corrected = Sdb / (1 - beta2**t)
W -= alpha*Vdw_corrected / np.sqrt(Sdw_corrected+1e-7)
b -= alpha*Vdb_corrected / np.sqrt(Sdb_corrected+1e-7)
```

7.2.7　学习率衰减

梯度下降算法中的学习率 α 决定了梯度下降每次更新参数的尺度大小，俗称步进长度。学习率过大或过小，都会严重影响神经网络的训练效果。

那么，如何选择合适的学习率呢？在整个神经网络训练过程中，使用固定大小的学习率往往效果不好，可能会造成训练集的损失下降到一定的程度后就不再下降了，而且可能造成收敛到全局最优点的时候会来回振荡。一般的原则是随着迭代次数增加，学习率也应该逐渐减小。这种方法被称为学习率衰减（learning rate decay）。

学习率衰减通常有两种形式，第一种是指数衰减，相应的公式如下：

$$\alpha = \alpha_0 \mathrm{e}^{-k \cdot t} \tag{7-13}$$

式中，k 为可调参数，t 为当前迭代次数，一般可以是一个小批量的样本或一个 epoch。学习率 α 呈指数衰减。

第二种是 $1/t$ 衰减，相应的公式如下：

$$\alpha = \frac{\alpha_0}{1 + k \cdot t} \tag{7-14}$$

使用学习率衰减，神经网络模型损失的变化趋势如图 7-12 所示。

由图 7-12 可见，学习率衰减可以有效地防止损失下降过慢，让损失持续降低，更有可能达到全局最优值。

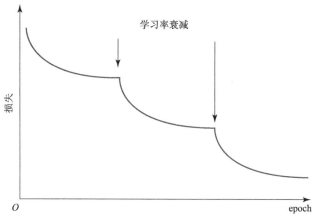

图 7-12　学习率衰减对损失的影响

7.3　网络初始化与超参数调试

7.2 节主要介绍了神经网络中几种常见的梯度下降优化算法，包括小批量梯度下降、动量梯度下降、RMSprop、Adam 等，并对各自的特点进行了说明和对比。本节将重点讲解一些初始化神经网络的技巧以及如何高效地进行超参数的调试。

7.3.1　输入标准化

我们知道，神经网络的输入层是数据的各个特征值，而不同特征值的数值范围可能不同。例如数据的特征维度为 2，分别是 x_1、x_2。x_1 的数值范围是[0, 0.01]，x_2 的数值范围是 [0, 100]，两者相差了 10 000 倍。x_1 与 x_2 的分布极不平衡，会造成训练得到的权重参数 W 差别很大，偏置参数 b 也是一样。这样会造成运行梯度下降算法时，振荡较大，轻则影响训练速度，重则导致模型无法正确优化，难以获得全局最优解。

为什么会这样呢？下面用图解的方式来说明。

图 7-13 显示了损失函数 J 与参数 w_1、w_2 的关系，w_1 和 w_2 的数值范围有很大差别。图 7-13（a）和（c）没有进行输入标准化，J 与 w_1、w_2 呈类似椭圆的形状，这是因为彼此幅值范围不同。根据上文中的假设，x_1 和 x_2 的分布极不平衡，造成参数数值差别很大。这时，如果学习率过大，就容易在较小参数更新时发生振荡，使 J 下降得不稳定。为了减小振荡，只能尽量减小学习率，但这又会大大增加训练时间，让训练变得非常缓慢和困难。

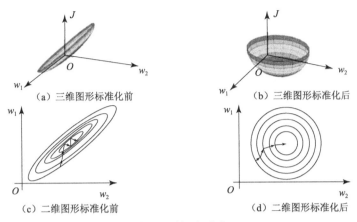

（a）三维图形标准化前　　　　　（b）三维图形标准化后

（c）二维图形标准化前　　　　　（d）二维图形标准化后

图 7-13　输入标准化

图 7-13（b）和（d）进行了输入标准化，J 与 w_1、w_2 呈类似圆碗的形状。显然，若 x_1 和 x_2 的分布范围相近，则 w_1 和 w_2 的差异就没那么大了。这时，两个参数就都不太容易发生较大振荡，可以设置较大、合适的学习率，并能够保证损失 J 有稳定的下降趋势，训练速度也会大大加快。

既然输入标准化很有必要，那么如何对输入进行标准化呢？非常简单，标准化就是将输入先减去各自特征的均值，再除以各自特征的标准差。例如有 m 个训练样本，输入特征维度是 n，那么对于 n 个特征，计算其均值向量 μ 和标准差向量 σ，公式如下：

$$\begin{cases} \mu = \dfrac{1}{m}\sum_{i=1}^{m} X^{(i)} \\ \sigma = \sqrt{\dfrac{1}{m-1}\sum_{i=1}^{n}(X^{(i)}-\mu)^2} \end{cases} \tag{7-15}$$

然后再将输入减去均值 μ，除以标准差 σ，公式如下：

$$X' = \frac{X-\mu}{\sigma} \tag{7-16}$$

X' 就是标准化后的结果，它的维度为 (n,m)。标准化对应的 Python 代码如下：

```python
import numpy as np
n, m = X.shape
mu = 1/m * np.sum(X, axis=1)        # 均值
sigma = np.std(X, axis=1)           # 标准差
X = (X - mu) / sigma
```

上述代码中，m 表示训练样本个数；n 为特征维度，即神经网络输入层的神经元个数；$axis=1$ 表示对所有 m 个样本计算均值 μ 和标准差 σ。

以二维特征 x_1 和 x_2 为例，图 7-14 展示了其标准化过程。

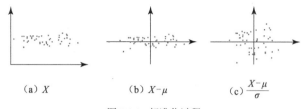

（a）X （b）$X-\mu$ （c）$\dfrac{X-\mu}{\sigma}$

图 7-14 标准化过程

由图 7-14 可知，经过标准化之后，本来分布不平衡的数据，现在呈现了标准的正态分布状态，不同输入的数值范围变得相似了。

神经网络训练结束之后，如何对测试集进行标准化操作呢？注意，此时不是重新计算测试集对应的特征均值 μ 和标准差 σ，而是直接将测试集减去训练集的特征均值 μ 再除以训练集的标准差 σ，这样就保证了训练集和测试集的标准化操作一致。

7.3.2　权重参数初始化

我们在第 5 章中讲过，神经网络模型在开始训练之前需要对各层权重参数 W 和偏置参数 b 进行初始化赋值。b 全部初始化为 0 即可，但 W 却不能全部初始化为 0，而是进行随机初始化，权重参数初始化相应的 Python 代码如下：

```
W = np.random.randn((n[l],n[l-1]))*0.01
```

在神经网络层数较少的时候，这种初始化方法没有问题。但如果是深层神经网络，这种简单的初始化就可能会带来一些问题。

举个例子，假设一个深层神经网络模型如图 7-15 所示。

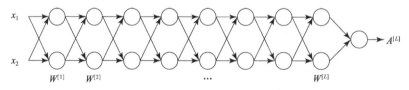

图 7-15 深层神经网络示例

为了简化分析，我们令网络各层的偏置参数 b 均为 0，且激活函数 $g(Z)=Z$。这样，就可得到网络的输出 A^L：

$$A^{[L]} = W^{[L]}W^{[L-1]}\cdots W^{[2]}W^{[1]}X \tag{7-17}$$

式中，令所有的 W 都等于 1.1，神经网络层数 $L=100$，则最后得到 $A^{[L]}=1.38\times10^{4}$。也就是说，$A^{[L]}$ 将随 L 的增加呈指数级增加。即便 W 仅仅略大于 1，但经过每层的级联相乘，$A^{[L]}$ 最终将会变得很大，称为数值爆炸。另外一种情况，假如每个 W 都等于 0.9，则最后得到 $A^{[L]}=2.66\times10^{-5}$。

也就是说，$A^{[L]}$ 将随 L 的增加呈指数级减小。即便 W 仅仅略小于 1，但是经过每层的级联相乘，最终 $A^{[L]}$ 将会变得很小，称为数值消失。

这种现象会带来什么后果呢？在进行神经网络反向传播梯度计算的时候，同样会引起梯度呈现指数级增大或减小。梯度过大会造成损失函数曲线振荡，无法准确进行训练；梯度过小会造成损失函数曲线近乎水平，造成训练缓慢或基本没有效果，这些都会严重影响神经网络训练。通常，我们把这两种情况分别称为梯度爆炸和梯度消失。

为了避免发生梯度爆炸和梯度消失，需要对权重参数 W 的初始化进行一些改进。下面以单个神经元为例，对其原理进行介绍。

如图 7-16 所示，该神经元的输出 a 可由下式计算得到：

$$\begin{cases} z = w_1 x_1 + w_2 x_2 + \cdots + w_n x_n \\ a = g(z) \end{cases} \tag{7-18}$$

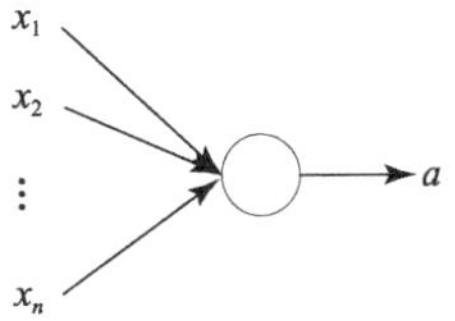

图 7-16 单个神经元

式（7-18）忽略了偏置参数 b。我们发现，输出 a 与该神经元的输入个数 n 有一定的关系。这时，为了不让 a 过大或者过小，应该尝试让 W 与 n 也有一定的关系，即当 n 越大的时候，W 应该小一些；当 n 越小的时候，W 应该大一些。这样的目的是保证 a 大小合适。

基于此原理，一种初始化做法是让权重参数 W 的方差为 $\dfrac{1}{n^{[l-1]}}$，相应的 Python 代码如下：

```
W[l]=np.random.randn(n[l],n[l-1])*np.sqrt(1/n[l-1])
```

其中，n[l] 表示该层神经元的个数；n[l-1] 表示上一层神经元的个数，即该神经元的输入个数。这种初始化方法一般适用于该神经元激活函数是 tanh 函数的情况。

若激活函数是 ReLU，初始化做法是让权重参数 W 的方差为 $\dfrac{2}{n^{[l-1]}}$，相应的 Python 代码如下：

```
w[l] = np.random.randn(n[l],n[l-1])*np.sqrt(2/n[l-1])
```

除此之外，Yoshua Bengio 提出了另外一种初始化 W 的方法，就是让 W 的方差为 $\dfrac{2}{n^{[l]} \cdot n^{[l-1]}}$，相应的 Python 代码如下：

```
w[l] = np.random.randn(n[l],n[l-1])*np.sqrt(2/(n[l-1]*n[l]))
```

选择哪种初始化方法因人而异，可以根据不同的激活函数选择不同的方法。另外，我们可以对这些初始化方法设置某些参数，将它们作为超参数，通过验证集进行验证，得到最优参数，来优化神经网络。

那么，针对偏置参数 b 要不要采用同样的初始化处理呢？一般做法是不需要，因为偏置参数 b 在每层神经网络中只有一个值，影响较小，一般初始化为 0 就可以了。

7.3.3 批归一化

批归一化（batch normalization）作为近年来深度学习的重要成果之一，其有效性和重要性已经被广泛证明。虽然有些细节处理还解释不清其理论原因，但是实践证明批归一化非常好用。批归一化不仅可以让调试超参数更加简单，而且可以让神经网络模型更加健壮。也就是说，较好模型可接受的超参数范围更大一些，包容性更强，更容易去训练一个深度神经网络。接下来，我们介绍什么是批归一化，以及它是如何工作的。

前面我们说过，对输入进行标准化处理可以让训练更加有效，且鲁棒性更强。对于神经网络的隐藏层，我们知道第 l 层隐藏层的输入就是第 $l-1$ 层隐藏层的输出 $A^{[l-1]}$。对 $A^{[l-1]}$ 进行标准化处理，从原理上来说可以提高 $W^{[l]}$ 和 $b^{[l]}$ 的训练速度和准确度。这种对各隐藏层的标准化处理就是批归一化。值得注意的是，实际应用中，一般是对 $Z^{[l-1]}$ 进行标准化处理而不是对 $A^{[l-1]}$ 进行标准化处理。

批归一化的具体做法是对 l 层的输入 $Z^{[l-1]}$ 进行标准化处理：

$$\begin{cases} \mu = \dfrac{1}{m} \sum_{i=1}^{m} Z^{[l-1](i)} \\[2mm] \sigma^2 = \dfrac{1}{m-1} \sum_{i=1}^{m} (Z^{[l-1](i)} - \mu)^2 \\[2mm] Z_{\text{norm}}^{[l-1]} = \dfrac{Z^{[l-1]} - \mu}{\sqrt{\sigma^2 + \varepsilon}} \end{cases} \tag{7-19}$$

式中，m 是训练样本个数；上标 i 表示第 i 个样本；ε 是为了防止分母为 0 的常数，可取值 10^{-8}。这样，可使该隐藏层的所有输入 $Z^{[l-1]}$ 服从均值为 0、标准差为 1 的标准正态分布。

考虑到输入应该有差异性和多样性，大部分情况下并不希望所有的 $Z^{[l-1](i)}$ 均值都为 0，方差都为 1。通常需要对 $Z^{[l-1](i)}$ 做进一步处理：

$$Z_{\text{bn}}^{[l-1](i)} = \gamma \cdot Z_{\text{norm}}^{[l-1](i)} + \beta \tag{7-20}$$

式中，γ 和 β 是可调参数，类似于 W 和 b 一样，可以通过梯度下降等算法迭代更新求得。这里，γ 和 β 的作用是让 $Z_{bn}^{[l-1](i)}$ 的均值和方差为任意合理值，保证其多样性。

例如，当 $\gamma = \sqrt{\sigma^2 + \varepsilon}$、$\beta = \mu$ 时，$Z_{bn}^{[l-1](i)} = Z^{[l-1](i)}$，两者完全一致，称为恒等函数。

值得注意的是，输入的标准化和隐藏层的批归一化是有区别的。输入标准化是让所有输入的均值为 0、方差为 1。而批归一化可使各隐藏层输入的均值和方差为任意值，由模型训练情况决定。实际上，从激活函数的角度来说，如果各隐藏层的输入均值是在靠近 0 的区域即处于激活函数的线性区域，这样不利于训练好的非线性神经网络，得到的模型效果也不会太好。这也解释了为什么需要用 γ 和 β 来对 $Z_{bn}^{[l-1](i)}$ 做进一步处理。

批归一化不仅能够提高神经网络训练速度，而且能让神经网络的权重 W 的更新更加稳健，尤其在深层神经网络中更加明显。究其原因在于批归一化能够有效避免神经网络模型中的协变量移位问题。首先解释一下什么是协变量移位。协变量移位是指训练集的数据分布和预测集的数据分布不一致，如果在训练集上训练出一个分类器，在预测集上肯定不会取得比较好的效果。这种训练集和预测集样本分布不一致的问题就叫作协变量移位。例如训练一个猫类识别网络，收集的训练样本都是黑猫，但是测试样本则存在各种颜色的猫。这就是典型的协变量移位现象，会严重影响模型在测试集上的效果。

批归一化的作用是减少了各层 $W^{[l]}$、$b^{[l]}$ 之间的耦合性，让各层更加独立，实现自我训练学习的效果。也就是说，如果输入发生协变量移位，那么批归一化会对个隐藏层的输出 $Z^{[l-1]}$ 进行均值和方差的归一化处理，$W^{[l]}$ 和 $b^{[l]}$ 更加稳定，使原来的模型也有不错的表现，从而让模型变得更加健壮，鲁棒性更强。

加入批归一化之后，整个模型的结构如图 7-17 所示。

$$X \xrightarrow{W^{[1]}, b^{[1]}} Z^{[1]} \xrightarrow[\text{BN}]{\beta^{[1]}, \gamma^{[1]}} Z_{bn}^{[1]} \longrightarrow A^{[1]} \longrightarrow \cdots \longrightarrow A^{[L-1]} \xrightarrow{W^{[L]}, b^{[L]}} Z^{[L]} \xrightarrow[\text{BN}]{\beta^{[L]}, \gamma^{[L]}} Z_{bn}^{[L]} \longrightarrow A^{[L]}$$

图 7-17 批归一化后的模型结构

值得注意的是，因为批归一化对各隐藏层 $Z^{[l]} = W^{[l]}A^{[l-1]} + b^{[l]}$ 会减去均值 μ，所以这里的偏置参数 $b^{[l]}$ 可以消去，其数值效果完全可以由 $Z_{bn}^{[l-1]}$ 表达式中的 β 来实现。因此，在使用批归一化的时候，可以忽略各隐藏层的 $b^{[l]}$。在使用梯度下降算法时，分别对 $W^{[l]}$、$\gamma^{[l]}$ 和 $\beta^{[l]}$ 进行迭代更新就好了。

以上介绍的是训练过程中的批归一化操作。每次训练过程是针对小批量样本集进行的，但在测试过程中，如果是单个样本，该如何使用批归一化进行处理呢？

测试过程中，如果只有一个样本，求其均值和方差是没有意义的，就需要对 μ 和 σ^2 进行估计。第一种方法是将所有训练集放入最终的神经网络模型中，然后将每个隐藏层计算得到的 μ 和 σ^2 直接作为测试过程对应层的 μ 和 σ^2。第二种方法更为常见，使用指数加权平均的方法来预测各层的 μ 和 σ^2。指数加权平均的做法很简单，对于第 l 层隐藏层，考虑训练时所有小批量样本集在该隐藏层下的 μ 和 σ^2，然后用指数加权平均的方式来预测该隐藏层的 μ 和 σ^2。这种指数加权的思想与我们之前介绍的梯度优化算法中所讲的加权是类似的，可以起到滑动平均的效果。

另外，值得一提的是，批归一化还起到了模型正则化的效果，因为它对每个小批量样本集都进行均值为 0、方差为 1 的归一化操作，且 γ 和 β 的引入相当于增加随机噪声，效果类似于 Dropout。但是，批归一化的正则化效果还是比较微弱的。

7.3.4 超参数调试

神经网络超参数调试是最花费时间，也是最重要的步骤之一，掌握良好的超参数调试方法对训练优秀的神经网络模型来说非常重要。本小节主要介绍如何进行神经网络的超参数调试。

深度神经网络需要调试的超参数较多，简单列举几个： 学习率 α、神经网络层数、各隐藏层神经元个数、小批量样本集中的样本个数、动量梯度下降因子 β、Adam 优化算法参数 β_1 和 β_2、L1 正则化和 L2 正则化的系数 λ 等。

如何选择和调试超参数呢？一般的做法是对每个超参数，在一个区间内等距离间隔采样取值，然后分别使用不同点对应的参数组合进行训练，最后根据验证集上的表现来选择最佳的参数。例如有两个超参数，分别在每个参数上选取 5 个点，这样构成了 $5 \times 5 = 25$ 种组合，如图 7-18 所示。

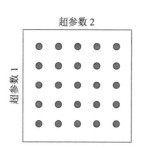

图 7-18　超参数均匀分布

这是一种最规矩的做法，在超参数个数不多的时候，这种做法的效果不错。但是当超参数较多的时候，这种等距离划分的方法在空间上比较离散，从概率上来说较难找到最佳的超参数组合。

另外一种方法是随机选择超参数，同样是两个超参数，直接在二维平面区域内随机选择 25 个点，作为超参数组合，如图 7-19 所示。

随机选择超参数的目的是尽可能地得到更多的参数组合。如果使用均匀采样的话，每个参数只有 5 种情况；而使用随机采样的话，每个参数都有 25 种可能的情况，因此每个超参数都更有可能找到最优值。

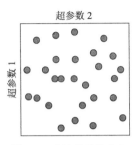

图 7-19　超参数随机分布

在第一次随机采样之后，我们可能得到某些区域模型的表现较好。为了得到更精确的最佳参数，我们应该继续对选定的区域进行由粗到细的采样，也就是放大表现较好的区域，再对此区域做更密集的随机采样。例如，对图 7-20 右下角的方形区域再做 25 点的随机采样，以此类推。

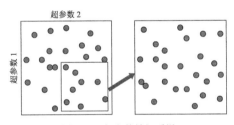

图 7-20　超参数精细采样

下面介绍选择超参数时的尺度问题。对于网络层数、隐藏层神经元个数，其本身是整数值，可以直接在一个数值范围内进行随机采样，即该超参数每次变化的尺度都是一致的（每次变化为 1，犹如一把尺子一样，刻度是均匀的）。但是，对于某些超参数，可能需要非均匀随机采样（即非均匀刻度尺）。例如学习率 α，待调范围是[0.0001, 1]，如果使用均匀随机采样，那么大约有 90%的采样点分布在[0.1, 1]范围内，只有 10%的采样点分布在[0.0001, 0.1]范围内。这在实际应用中是不太好的，因为最佳的 α 值可能分布在[0.0001, 0.1]范围内。因此，我们更关注的是区间[0.0001, 0.1]，希望在此区间内选择更多的超参数进行调试，所以在这个区间内应细分更多刻度，而使其他区间的刻度大一些，即采用非均匀刻度采样。

尺度转换的方法是将均匀的线性尺度转换为非均匀的 log 尺度，然后在 log 尺度下再进行均匀采样。这样，[0.0001, 0.001]、[0.001, 0.01]、[0.01, 0.1]、[0.1, 1]各个区间内随机采样的超参数个数基本一致，也就扩大了之前[0.0001, 0.1]区间内采样值的个数，如图 7-21 所示。

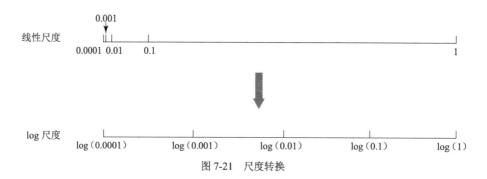

图 7-21　尺度转换

举例来说，如果线性区间为$[a, b]$，令 $m = \log(a)$、$n = \log(b)$，则对应的 log 区间为$[m, n]$。然后，对 log 区间即$[m, n]$内进行随机均匀采样，得到采样值 r 后反推到线性区间，即 10^r。10^r 就是最终采样的超参数数值。相应的 Python 示例代码如下：

```
m = np.log10(a)
n = np.log10(b)
r = np.random.rand()
r = m + (n-m)*r
r = np.power(10,r)
```

值得一提的是，超参数调试完所得到的最佳值并不是一成不变的，一段时间之后，需要根据新的数据和实际情况再次调试超参数，以获得实时的最佳模型。

7.4　模型评估与调试

前面的章节已经介绍了如何构建神经网络、如何优化神经网络、神经网络的初始化技巧和超参数调试。本节将更加深入地探讨如何进行模型的评估并调试已经搭建好的神经网络。

7.4.1　模型评估

神经网络模型训练完成之后需要对其进行评估，正确地评估有助于了解模型的性能，能够帮助我们继续优化模型。如何评估模型呢？这里先介绍两个名词：精确率和召回率。注意，本节的内容只针对二分类问题。

精确率表示被分为正例的实例中实际为正例的比例。召回率是覆盖面的度量，表示样本中的正例有多少被预测正确。

表 7-2 中，Yes 表示类别 1，No 表示类别 0；TP（True Positive）表示将正类预测为正类数；TN（True Negative）表示将负类预测为负类数；FP（False Positive）表示将负类预测为正类数；

FN（False Negative）表示将正类预测为负类数。

表 7-2 预测类别与实际类别

预测类别 实际类别	Yes	No	总计
Yes	TP	FN	P（实际为 Yes）
No	FP	TN	N（实际为 No）
总计	P'（被分为 Yes）	N'（被分为 No）	P+N

精确率的计算公式：

$$P = \frac{TP}{TP+FP} \tag{7-21}$$

召回率的计算公式：

$$R = \frac{TP}{TP+FN} \tag{7-22}$$

实际应用时，只考虑精确率或者召回率都不太科学。通常情况下，应综合考虑精确率和召回率，使用单一指标 $F1$ 分数来评估模型的性能。$F1$ 分数的计算公式如下：

$$F1 = \frac{2P \cdot R}{P+R} \tag{7-23}$$

例如，已经知道了 A 和 B 模型的精确率 P 和召回率 R，就可以计算它们各自的 $F1$ 分数，如表 7-3 所示。

表 7-3 $F1$ 分数

模　　型	精确率/%	召回率/%	F1 分数/%
A	95	90	92.4
B	98	85	91.0

通过比较可知，A 模型的 $F1$ 分数比 B 模型的 $F1$ 分数大，所以我们判定 A 模型性能优于 B 模型。

7.4.2　训练集、验证集和测试集

构建神经网络模型时，通常会把总的样本数据划分成训练集、验证集、测试集，划分的比例一般由总的样本数量决定。如果总的样本数量较少，例如 $m < 10\,000$，通常将训练集、验证集、测试集的比例设为 60%、20%、20%；如果总的样本数量比较大（百万级别），通常将相应的比

例设为 98%、1%、1% 即可。

我们知道，验证集是用来进行模型选择的，以确定最佳的超参数，选出最优的模型之后再在测试集上进行最后的测试。模型在测试集上的表现应该与验证集上的表现相似，能够反映模型处理真实样本的能力。因此，在划分数据集的时候，务必要让验证集和测试集来自同一分布，这样才能保证模型在验证集上的性能近似地表现出它在测试集乃至真实样本集中的性能。如果验证集和测试集不是来自同一分布，则得到的"最优"模型很可能在测试集上却表现得很差。好像我们在验证集上找到最接近靶心的箭，但是测试集的靶心却远远偏离验证集靶心，这样得到的"最优"模型可能并不好，如图 7-22 所示。

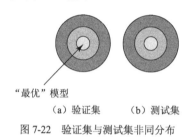

（a）验证集　　（b）测试集

图 7-22　验证集与测试集非同分布

一般来说，除了要让验证集和测试集来自同一分布之外，验证集最好能够检测不同算法或模型的区别，以便选择更好的模型，验证集和测试集尽量与真实样本类似。

但是，实际应用中往往可能出现训练集和验证集、测试集不是来自同一分布，且数量上也有差异的情况。如图 7-23 所示，以猫类图片识别为例，训练集可能来自网络下载的图片，图片清晰度较高；验证集、测试集来自用户手机拍摄的图片，图片清晰度较低。假如训练集数量为20 万，而验证集、测试集数量为 1 万，这时候应该如何准确划分数据集呢？

（a）训练集　　　　　　　　　　（b）验证集、测试集

图 7-23　训练集与验证集、测试集非同分布

第一种方法是将训练集和验证集、测试集完全混合，然后随机选择一部分样本作为训练集，另一部分作为验证集、测试集样本。针对上面的例子，混合 21 万例样本，然后随机选择 20.5 万例样本作为训练集，2500 例样本作为验证集，2500 例样本作为测试集。这种做法使训练集和验证集、测试集分布一致，但缺点是验证集、测试集中网络图片所占的比重比手机拍摄的图片大得多。这样，验证集、测试集中算法模型的对比验证仍然主要由网络图片决定，实际应用的手机拍摄图片所占比重很小，达不到验证效果。因此，这种方法并不是很好。

第二种方法是将原来的训练集和一部分验证集、测试集组合当成训练集，剩下的验证集、测试集分别划分为验证集和测试集。例如，20 万例网络图片和 5000 例手机拍摄图片组合成训练集，剩下的 2500 例手机拍摄图片作为验证集，2500 例手机拍摄图片作为测试集。这样，验证集、测试集全部来自手机拍摄，保证了验证集最接近实际应用场合。这种方法较为常用，而且性能表现比较好。

为了让训练集和验证集、测试集类似，我们可以使用人工数据合成的方法。例如声音识别问题，实际应用场合往往包含背景噪声，而训练样本很可能没有背景噪声。为了让训练集和验证集、测试集分布一致，我们可以在训练集上人工添加背景噪声，合成类似实际场景的声音，这样会让模型训练的效果更准确。

7.4.3　偏差与方差

构建一个神经网络模型，我们通常使用误差来衡量模型的性能。模型的误差是有下界的，这个下界一般可以理解为人类在该任务上的表现，记作人类水平误差（human-level error）。

我们在 7.1 节中介绍过偏差与方差的定义，偏差度量了算法的期望预测与真实结果的偏离程度，方差度量了训练集的变化导致学习性能的变化，描述了数据扰动造成的影响。

通常，我们把训练集误差与人类水平误差之间的差值称为偏差，把验证集误差与训练集误差之间的差值称为方差。根据偏差和方差的相对大小，就可以知道是否发生了欠拟合或者过拟合。选择不同的人类水平误差，会直接影响偏差和方差的相对大小。例如，猫类图片识别问题，如果人类水平误差为 1%，训练集误差为 8%，验证集误差为 10%。由于训练集误差与人类水平误差相差 7%，验证集误差与训练集误差只相差 2%，所以偏差是主要问题。如果图片很模糊，肉眼也看不太清，人类水平误差上升到 7%。这时，由于训练集误差与人类水平误差只相差 1%，验证集误差与训练集误差相差 2%，所以方差又变成了主要问题。

7.4.4　错误分析

对已经建立的神经网络模型进行错误分析十分必要，而且有针对性地、正确地进行错误分析更加重要，能够有效地帮助我们改善模型结构，提高模型性能。

1. 从误分类样本中定位问题

举个例子，对于猫类图片识别，已知的模型错误率为 10%。我们分析误分类样本，发现模型会将一些狗类图片错误分类成猫类图片。一种常规的解决办法是增加狗类图片样本，加强模型对狗类图片（负样本）的训练。但是，这一过程可能会花费几个月的时间，耗费这么大的时间成本到底是否值得呢？也就是说，扩大狗类图片样本，重新训练模型，对提高模型准确率到底有多大作用？这时候我们就需要进行正确的错误分析，帮助我们做出判断。

方法很简单，我们可以从误分类样本中统计出狗类图片样本的数量。根据其所占的比重，判断这一问题的重要性。假如狗类图片样本所占比重仅为 5%，即使我们花费几个月的时间扩大狗类图片样本，提升模型对狗类图片的识别率，改进后的模型错误率最多只会降低到 9.5%，相比之前的 10%，并没有显著改善。我们把这种性能限制称为性能上限。相反，如果错误样本中狗类图片所占比重为 50%，那么改进后的模型错误率有望降低到 5%，性能改善就很大了，此时就值得去花费更多的时间扩大狗类图片样本。

这种方法就是分析误分类样本产生的原因，统计每个因素所占比例，若所占比例很大，说明该因素是造成误分类的主要成分，那么就可以花费时间和精力来重新优化模型，消除这一因素的影响。

这种方法简单，且能够避免花费大量的时间和精力去做一些对提高模型性能收效甚微的工作，有利于我们更专注于解决影响模型正确率的主要问题。

2. 正确处理样本标签错误的情况

在监督式学习中，训练样本有时候会出现输出标签标注错误的情况，出现这种情况时应如何处理呢？如果标签出错的情况是随机性的，且次数不多，则可以把它看成系统噪声，一般可以直接忽略，无须纠正。然而，如果是系统标注错误，这将对机器学习算法造成影响，降低模型性能，需要进行纠正。

如果在验证集、测试集中出现了输出标签标注错误的情况，又该如何处理呢？同样，统计验证集、测试集中所有误分类样本中标签标注错误所占的比例，根据该比例的大小，决定是否需要修正所有的错误标签。

举个简单的例子，如果验证集、测试集总的错误率为 10%，其中由于标签标注错误造成的错误率为 0.5%，其他因素造成的错误率为 9.5%。可见，标签标注错误率仅占总错误率的 5%，因此可以忽略。如果模型经过优化之后，性能准确度得到提升，验证集、测试集的总错误率为 2%，其中由于标签标注错误造成的错误率为 0.5%，其他因素造成的错误率为 1.5%。可见，标签标注错误率占总错误率的 25%，因此不可以忽略，需要人工修正错误标签。

3. 根据错误类型判断是否出现偏差和方差

我们之前介绍过，根据人类水平误差、训练集误差和验证集误差的相对值就可以判断是否出现了偏差或者方差。但是，需要注意的是，如果训练集和验证集来自不同分布，则无法直接根据相对值大小来判断是否出现了偏差或者方差。例如某个模型的人类水平误差为 0%，训练集误差为 1%，验证集误差为 10%。根据我们之前的理解，显然该模型出现的方差较大。但是，训练集误差与验证集误差之间的差值 9% 可能来自算法本身（方差），也可能是样本分布不同的影响。例如验证集都是很模糊的图片样本，本身就难以识别，与算法模型的关系不大，因此不能简单认为主要是方差的影响。

在可能出现训练集和验证集来自不同分布的情况下，准确定位偏差和方差相对大小的方法是设置训练-验证集。也就是说，从原来的训练集中分割出一部分样本作为训练-验证集，训练-验证集不作为训练模型使用，而是与验证集一样用于验证。

这样，我们就有训练集误差、训练-验证集误差和验证集误差三种错误类型。其中，训练集误差与人类水平误差的差值反映了偏差；训练集误差与训练-验证集误差的差值反映了方差；训练-验证集误差与验证集误差的差值反映了数据匹配问题，即训练集和验证集的样本分布不一致。

举例来说明，默认人类水平误差为 0%，如果训练集误差为 1%，训练-验证集误差为 9%，验证集误差为 10%：

偏差：1% − 0% = 1%。

方差：9% − 1% = 8%。

数据匹配误差：10% − 9% = 1%。

很明显，方差的问题比较突出。如果训练集误差为 1%，训练-验证集误差为 2%，验证集误差为 10%：

偏差：1% − 0% = 1%。

方差：2% − 1% = 1%。

数据匹配误差：10% − 2% = 8%。

则数据匹配问题比较突出。

下面来总结人类水平误差、训练集误差、训练-验证集误差和验证集误差之间的关系，如图 7-24 所示。

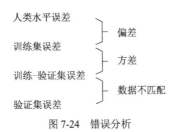

图 7-24　错误分析

根据图 7-24 就可以很清晰地依据各个错误之间的大小关系分析模型错误的来源。

## 第 8 章

卷积神经网络

前面几章介绍的都是传统的前馈神经网络结构，也称为全连接层神经网络。传统神经网络在许多应用中都有着不错的性能表现；但是在某些领域中，其性能受限，表现并不完美。本章将介绍一种全新的神经网络结构——卷积神经网络。

卷积神经网络是一类包含卷积计算且具有深度结构的神经网络，是深度学习的代表算法之一。卷积神经网络具有比传统前馈神经网络更强大的学习能力，尤其在计算机视觉、图像处理领域。本章主要介绍卷积神经网络的基本知识和原理，并且详细地讲解如何搭建一个卷积神经网络，以及如何将其应用于实际问题中。

8.1 为什么选择卷积神经网络

在机器视觉、图像识别领域，传统神经网络结构存在以下两个缺点。

第一，输入层维度过大。例如一张 64×64×3 的三通道图片，神经网络输入层的维度多达12 288。如果图片尺寸较大，是一张 1000×1000×3 的三通道图片，神经网络输入层的维度将达到三百万，使神经网络权重参数 W 的数量过于庞大。这样会造成两个后果：一是神经网络结构复杂，样本训练集不够，容易出现过拟合；二是训练神经网络所需的内存和计算量都十分庞大，给训练模型带来较大的困难。

第二，传统的前馈神经网络不符合图像特征提取的机制。传统前馈神经网络的做法是将二维或者三维（包含 RGB 三通道）图片拉伸成一维特征，作为神经网络的输入层。这种操作实际上是将图片的各个像素点独立开来，忽略了各个像素点之间的区域性联系。而图片是以区域特征为基础的，例如图片的这块区域组成了眼睛，那块区域组成了鼻子。人脸的视觉机制也是从边缘、轮廓、局部特征等方面来捕获图片信息的。传统前馈神经网络结构并不具备这样的功能，因此在性能上不会表现得特别突出。

　　鉴于传统前馈神经网络的这两个缺点，一种新的神经网络结构——卷积神经网络应运而生。接下来，我们就开始详细介绍卷积神经网络。

8.2　卷积神经网络的基本结构

　　传统前馈神经网络的输入层、隐藏层、输出层都是由一维神经元构成，而卷积神经网络的结构有很大的不同。首先，它的输入是二维矩阵（灰度图片）或者三维矩阵（彩色图片）；其次，整个卷积神经网络由卷积层、池化层、全连接层等组成，如图 8-1 所示。

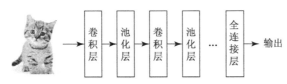

图 8-1　卷积神经网络的基本结构

　　由图 8-1 可以看出，卷积神经网络的输入是一张图片，包括二维矩阵（灰度图片）或者三维矩阵（彩色图片），由像素值构成。卷积神经网络最基本的结构有三种，分别是卷积层、池化层、全连接层。一般池化层在卷积层之后，成对存在，最后一般是全连接层。最后输出的是卷积神经网络模型的预测结果，相当于传统前馈神经网络的输出层，可以实现单神经元二分类，也可以实现多神经元多分类。

　　值得注意的是，卷积层、池化层、全连接层出现的次数不唯一，根据设计的具体卷积神经网络的结构来确定。

8.3　卷积层

　　卷积层（convolutional layer），顾名思义，它实现的是对图片的卷积操作。首先，我们先来了解一下什么是卷积。

8.3.1 卷积

图片的卷积运算非常简单，与我们在数字信号处理中定义的卷积运算稍有不同，更加简化了。卷积运算的具体操作步骤为：已知原图像和模板图像，首先，将模板图像在原图像中移动；然后，每到一个位置，将原图像与模板图像定义域相交的元素进行乘积且求和，得出新的图像点；最后，遍历原图像所有像素点，得到卷积后的图像，整个卷积运算完成。这里的模板图像又称卷积核。

下面，我们用一个简单的例子来说明。假设原图像是一个 3×3 的二维矩阵，卷积核是一个 2×2 的二维矩阵，如图 8-2 所示。

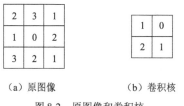

（a）原图像　　　　（b）卷积核

图 8-2　原图像和卷积核

对于图 8-2 中的原图像和卷积核，我们来详细展示其完整的卷积运算过程，如图 8-3 所示。

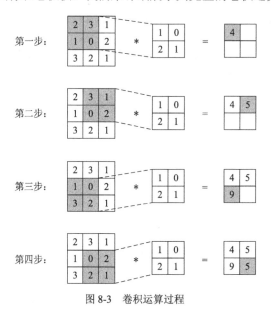

图 8-3　卷积运算过程

图 8-3 清晰地展示了一个完整的卷积运算过程。第一步，卷积核移动至原图像的左上角灰色区域，两者定义域相交的元素进行乘积且求和，得到新的图像点，数值为 4；第二步，卷积核移

动至原图像的右上角灰色区域，两者定义域相交的元素进行乘积且求和，得到新的图像点，数值为 5；第三步，卷积核移动至原图像的左下角灰色区域，两者定义域相交的元素进行乘积且求和，得到新的图像点，数值为 9；第四步，卷积核移动至原图像的右下角灰色区域，两者定义域相交的元素进行乘积且求和，得到新的图像点，数值为 5。至此，卷积核已经遍历完原图像的所有位置，最终得到的卷积后的新图像是一个 2×2 的二维矩阵，如图 8-4 所示。

（a）原图像　　　（b）卷积核　　　（c）新图像

图 8-4　卷积运算示意

8.3.2　边缘检测

我们刚刚介绍了图片的卷积运算，那么为什么需要进行卷积运算呢？也就是说，图片经过卷积运算之后会有什么效果呢？本小节将以边缘检测为例，来说明图片卷积运算的作用。

边缘检测（edge detection）是图像处理中最常用的算法之一，其目的是检测图片中包含的边缘信息，例如水平边缘、垂直边缘等轮廓信息，如图 8-5 所示。

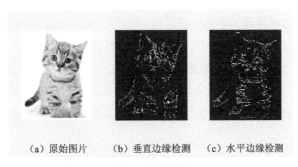

（a）原始图片　　　（b）垂直边缘检测　　　（c）水平边缘检测

图 8-5　边缘检测

图 8-5 展示了垂直边缘检测（vertical edge detection）和水平边缘检测（horizontal edge detection）的处理效果。可以看出，垂直边缘检测会将原始图片中的垂直线条、边缘检测出来，而水平边缘检测会将原始图片中的水平线条、边缘检测出来。

其实边缘检测算法的原理非常简单，只需将图片与相应的边缘检测算子进行卷积操作即可。也就是说，卷积运算实现的是对原始图片进行特征提取。

举例来说，垂直边缘检测和水平边缘检测的滤波器算子如图 8-6 所示，也就是 8.1 小节介绍的卷积核。

（a）垂直滤波器算子　　（b）水平滤波器算子

图 8-6　滤波器算子

然后，就可以将原图与相应的滤波器算子进行卷积运算，以水平边缘检测为例，如图 8-7 所示。

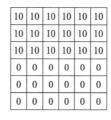

（a）原图　　　　　　（b）滤波器算子　　（c）水平边缘检测结果

图 8-7　水平边缘检测

图 8-7 展示了水平边缘检测的卷积运算过程。可以看到，卷积后的图片像素矩阵确实在原图水平边缘的位置呈现非零值，表示原图片的水平边缘被检测出来了。

这里我们讨论的是简单的水平滤波器算子，除此之外，还有更复杂的、检测各个方向的滤波器算子，能够帮助我们检测原图各种边缘信息。至此，我们已经介绍了图片卷积运算的意义，它可以帮助我们检测出原始图片的各种边缘特征，而这恰恰是卷积神经网络的设计原理之一。

因此，对于卷积层来说，如果我们想检测图片的各种边缘特征，而不仅限于垂直边缘和水平边缘，那么卷积核的具体数值一般需要通过模型训练得到，这与我们前面介绍的传统前馈神经网络训练参数 W 和 b 意义相同。卷积神经网络的主要目的就是求出这些卷积核。确定了卷积核之后，卷积层也就实现了对图片边缘特征的检测。

8.3.3　填充

介绍卷积运算的时候，我们发现一个问题，经过卷积运算之后的矩阵，维度较原图片矩阵减小了，且每次卷积运算都会出现这样的情况。原因很简单，因为卷积核需要在原始图片限定区域内滑动，就造成了有效运算范围减小。

一般来说，如果原始图片的尺寸为 $n\times n$，卷积核的尺寸为 $f\times f$，则卷积后图片尺寸为：

$$(n-f+1)\times(n-f+1) \tag{8-1}$$

卷积运算造成图片尺寸减小，可能会造成原始图片的边缘信息对输出的贡献少，使输出图片丢失一些边缘信息。

为了解决图片缩小的问题，可以使用填充的方法，即对原始图片的尺寸进行扩展，扩展区域补零，用 p 来表示每个方向扩展的宽度。填充的目的是先让原始图片尺寸增加，然后经过卷积运算后，新的图片尺寸维持原始图片大小，其效果如图 8-8 所示。

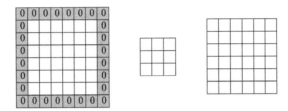

　　（a）对原图片扩展并填充　　（b）卷积核　　（c）新图片

图 8-8　图片填充

经过填充之后，原始图片尺寸扩展为 $(n+2p)\times(n+2p)$，卷积核尺寸为 $f\times f$，则卷积运算后的图片尺寸为 $(n+2p-f+1)\times(n+2p-f+1)$。若要保证卷积运算前后图片尺寸不变，则 p 应满足：

$$p=\frac{f-1}{2} \tag{8-2}$$

很简单，只要令 $n+2p-f+1=n$，就能得到式（8-2）中 p 的表达式了。

另外，由式（8-2）可以得到，如果 f 是奇数，能找到整数 p，使填充之后卷积运算得到的图片尺寸与原图一样；如果 f 不是奇数，则不能找到整数 p，使填充之后卷积运算得到的图片尺寸与原图一样。因此，卷积层中的卷积核尺寸宽度 f 一般都是奇数。

8.3.4　步幅

步幅表示卷积核在原图片中每次移动的步长。之前我们默认设置步幅为 1，当然也可以设置成其他值。若步幅为 2，则表示卷积核每次移动步长为 2。

图 8-9 是一个步幅为 2 的卷积运算例子。

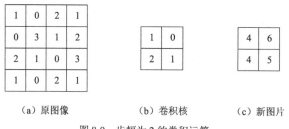

（a）原图像　　　　　（b）卷积核　　　　　（c）新图片

图 8-9　步幅为 2 的卷积运算

我们用 s 表示步幅大小，用 p 表示填充大小，如果原始图片尺寸为 $n \times n$，卷积核尺寸为 $f \times f$，则卷积运算后的图片尺寸为：

$$(\frac{n+2p-f}{s}+1) \times (\frac{n+2p-f}{s}+1) \tag{8-3}$$

对于图 8-9 中的例子，将 $n=4$、$p=0$、$s=2$、$f=2$ 代入式（8-3）中，就可得到卷积运算后的图片尺寸大小为 2，与实际结果完全吻合。

值得注意的是，如果出现式（8-3）中 $(\frac{n+2p-f}{s}+1)$ 不是整数的情况，则一般的做法是对其进行向下取整。

8.3.5　卷积神经网络卷积

卷积神经网络的输入一般是图片，我们以三通道图片为例，来了解一下卷积神经网络卷积层的结构。

前面介绍的都是二维平面卷积，针对的是单通道图片。如果是三通道的图片，即三维卷积是如何运算的呢？

其实，三维卷积运算的基本原理与二维卷积相同，只是增加了一个维度。三维卷积运算需要使用 3 个卷积核，分别与对应通道的图片进行卷积运算，如图 8-10 所示。

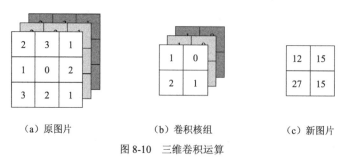

（a）原图片　　　　　（b）卷积核组　　　　　（c）新图片

图 8-10　三维卷积运算

图 8-10 中，原图片是由 RGB 三通道组成，分别对应红、绿、蓝三种颜色，维度为 $3 \times 3 \times 3$。

卷积核组的尺寸大小为 $f = 2$，共包含 3 个卷积核，分别对应原图片中的三通道，维度为 $2 \times 2 \times 3$。卷积运算时，原图片各个通道分别与其对应的卷积核进行卷积运算，然后将各个通道的结果累加起来作为相应位置的输出。图 8-10 中，$n = 3$，$f = 2$，$p = 0$，$s = 1$。根据式（8-3），卷积运算后的图片尺寸为 $\dfrac{n + 2p - f}{s} + 1 = 2$，即新图像的维度为 $2 \times 2 \times 1$。

图 8-10 展示的卷积核只有一组，在实际的卷积神经网络卷积层中，通常会包含多组卷积核，每组卷积核分别与原图片进行卷积运算，最后将各组得到的新图片组合起来，效果如图 8-11 所示。

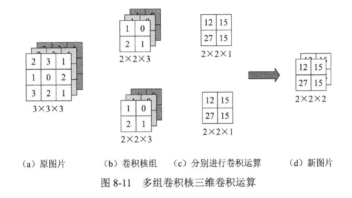

（a）原图片　　（b）卷积核组　（c）分别进行卷积运算　　（d）新图片

图 8-11　多组卷积核三维卷积运算

图 8-11 与图 8-10 唯一的差别就是包含了两组卷积核，其目的是进行多次卷积运算，实现更多边缘检测。例如，第一个卷积核组实现垂直边缘检测，第二个卷积核组实现水平边缘检测。这样，不同滤波器组卷积就得到不同的输出，最后输出的维度由卷积核组的个数决定。

若输入图片的维度为 $n \times n \times n_c$，卷积核的维度为 $f \times f \times n_c \times n_c'$，卷积后的图片维度为 $(n - f + 1) \times (n - f + 1) \times n_c'$。其中，$n_c$ 为图片通道数目，n_c' 为卷积核组个数。这里为了计算简便，默认 $p = 0$、$s = 1$。

接下来，我们需要在卷积层中加入非线性激活层，即在卷积运算之后再引入偏置参数 b，并使用激活函数对输出进行非线性运算，如图 8-12 所示。

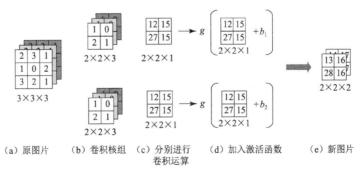

（a）原图片　　（b）卷积核组　　（c）分别进行　　（d）加入激活函数　　（e）新图片
卷积运算

图 8-12　加入激活函数的卷积运算

如图 8-12 所示，在卷积运算之后，对结果加上偏移常数 b，再进行激活函数的非线性运算，用 $g()$ 来表示，最后得到卷积层的输出。

其实，此过程与传统的前馈神经网络单层结构非常类似，传统前馈神经网络单层递归计算公式如下：

$$\begin{cases} Z^{[l]} = W^{[l]} A^{[l-1]} + b^{[l]} \\ A^{[l]} = g(Z^{[l]}) \end{cases} \tag{8-4}$$

在卷积层运算中，卷积核组就相当于式（8-4）中的 $W^{[l]}$，卷积层的线性运算就相当于 $W^{[l]}$ 与 $A^{[l-1]}$ 的乘积再加上偏置参数 $b^{[l]}$，得到 $Z^{[l]}$。然后，经过激活函数 $g()$ 的作用，实现非线性运算，得到最终的输出 $A^{[l]}$。

我们来计算图 8-12 中所有参数的数量：每个卷积核组有 $2 \times 2 \times 3 = 12$ 个参数，还有 1 个偏移参数 b，则每个卷积核组有 $12 + 1 = 13$ 个参数，两个卷积核组共包含 $13 \times 2 = 26$ 个参数。我们发现，选定卷积核组后，总的参数数量与输入图片尺寸大小无关，所以就避免了由于图片尺寸过大造成参数过多的情况发生。这样大大简化了模型的复杂度，提高了模型的运算速度和性能。这也正是卷积神经网络的优点之一。

下面，我们总结卷积层的标记符号。

输入维度：$n_h^{[l-1]} \times n_w^{[l-1]} \times n_c^{[l-1]}$。

每个卷积核组的维度：$f^{[l]} \times f^{[l]} \times n_c^{[l-1]}$。

权重维度：$f^{[l]} \times f^{[l]} \times n_c^{[l-1]} \times n_c^{[l]}$。

偏置维度：$1 \times 1 \times 1 \times n_c^{[l]}$。

输出维度：$n_h^{[l]} \times n_w^{[l]} \times n_c^{[l]}$。

其中，l 为当前网络层数；n 的下标 h、w、c 分别表示图片的高度、宽度、通道；$n_c^{[l-1]}$ 表示上一层卷积核组的个数；$n_c^{[l]}$ 表示该层卷积核组的个数。

卷积运算后的结果 $n_h^{[l]}$ 和 $n_w^{[l]}$ 的计算公式如下：

$$\begin{cases} n_h^{[l]} = \dfrac{n_h^{[l-1]} + 2p^{[l]} - f^{[l]}}{s^{[l]}} + 1 \\ n_w^{[l]} = \dfrac{n_w^{[l-1]} + 2p^{[l]} - f^{[l]}}{s^{[l]}} + 1 \end{cases} \tag{8-5}$$

一般来说，大部分情况下图片的高度和宽度都是相等的，即 $n_h^{[l-1]} = n_w^{[l-1]}$，且 $n_h^{[l]} = n_w^{[l]}$。

以上是单个样本图片卷积层的标记符号，如果共有 m 个样本，则一般将 m 增加到第 0 维，此时卷积层的标记符号如下。

输入维度：$m \times n_h^{[l-1]} \times n_w^{[l-1]} \times n_c^{[l-1]}$。

每个卷积核组的维度：$f^{[l]} \times f^{[l]} \times n_c^{[l-1]}$。

权重维度：$f^{[l]} \times f^{[l]} \times n_c^{[l-1]} \times n_c^{[l]}$。

偏置维度：$1 \times 1 \times 1 \times n_c^{[l]}$。

输出维度：$m \times n_h^{[l]} \times n_w^{[l]} \times n_c^{[l]}$。

可以看到，权重维度和偏置维度没有维度 m，这与传统的前馈神经网络是一样的。

8.3.6　卷积层的作用

我们刚才介绍了卷积的运算过程，使用卷积实现边缘检测。那么，卷积层在卷积神经网络中到底实现什么功能呢？

实际上，卷积神经网络中通常由浅到深包含多个卷积层，最浅层的卷积层倾向于学习原图片中的点、颜色等基础特征，深层的卷积层开始学习线段、边缘等特征。层数越深，卷积层学习到的特征就越具体、越抽象。

图 8-13 展示了一个很好的人脸识别的例子。可以看出，第 1 层卷积层提取的是人脸的边缘、线条、轮廓等浅层特征；第 2 层卷积层提取的是人脸的一些器官，如眼镜、鼻子、耳朵等；第 3 层卷积层提取的是人脸的整体面部轮廓，这时候整个人脸就看得比较清楚了。

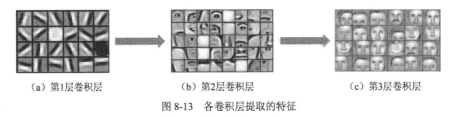

　　（a）第1层卷积层　　　　　　　（b）第2层卷积层　　　　　　　（c）第3层卷积层

图 8-13　各卷积层提取的特征

总而言之，卷积神经网络不同的卷积层会根据网络深浅提取不同层次的特征。这正是使用多层卷积层的原因，卷积神经网络的强大之处也在于此。

8.4　池化层

池化层（pooling layers）在卷积神经网络中用于减小尺寸，提高运算速度，也能减小噪声的影响，让各特征更具有健壮性。卷积神经网络中，池化层一般出现在卷积层的后面。

池化层比卷积层简单得多，没有卷积运算。最常用的池化层运算是最大池化。最大池化的做法就是选择一个类似于卷积核的滤波器算子，在上一层输出矩阵上滑动；然后，每到一个位置，计算两者定义域相交元素的最大值，作为新的图像点；最后，遍历原图片所有像素点，得到最大池化之后的图片。整个过程只有比较大小，没有其他数学运算。

最大池化的示意图如图 8-14 所示。

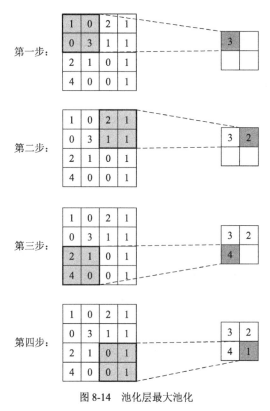

图 8-14 池化层最大池化

通过图 8-14，可以很清晰地看到最大池化的过程，只在每次滑动的区域内寻找最大值。上面显示的是单通道情况，如果是多通道，原理一样，只需要分别对各个通道进行最大池化就可以了。

最大池化有两个参数需要注意：一个是滤波器算子（滑动窗）的尺寸 f，另外一个是滤波器算子每次移动的步幅 s。例如在图 8-14 中，$f=2$，$s=2$。注意，填充参数 p 很少在池化层中使用。

最大池化的优点是只保留区域内的最大值（特征），忽略其他值，减小噪声的影响，提高模型的健壮性，而且计算量很小。

除了最大池化之外，池化层的另一种做法是平均池化。顾名思义，平均池化就是在滤波器算子滑动区域计算平均值。

平均池化的示意图如图 8-15 所示。

通过图 8-15，可以很清晰地看到平均池化的过程，只在每次滑动的区域内计算平均值。上面显示的是单通道情况，如果是多通道，原理一样，只需要分别对各个通道进行平均池化就可以了。

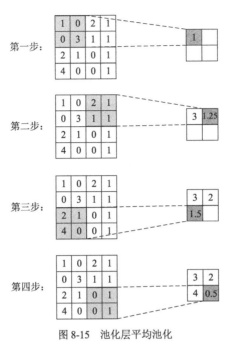

图 8-15 池化层平均池化

图 8-15 中，滤波器算子（滑动窗）的尺寸 $f = 2$，滤波器算子每次移动的步幅 $s = 2$。

平均池化的优点是顾及每一个像素，选择将所有的像素值都相加然后再平均的做法也会增强模型的抗噪声能力。

实际应用中，最大池化比平均池化更常用一些。输入通道与输出通道个数相同，因为我们对每个通道都做了池化。需要注意的是，池化层没有需要学习的参数。执行反向传播时，反向传播没有参数适用于最大池化。也就是说，池化层没有网络参数 W 和 b，也就不需要对池化层进行反向梯度的优化。

最后，给出一个三通道最大池化的例子，如图 8-16 所示。

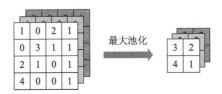

图 8-16 三通道最大池化

8.5 全连接层

卷积层和池化层都是多维矩阵，全连接层更加简单易懂，即将上一个卷积层或池化层的维度拉伸成一维向量。例如，当前卷积层的维度是 $10 \times 10 \times 5$，则拉伸为一维向量的神经元个数就是 500，后面再连接若干一维神经元层。全连接层实际上就是传统的前馈神经元网络结构，一般出现在卷积神经网络的末端，输出层之前。

全连接层的结构如图 8-17 所示。

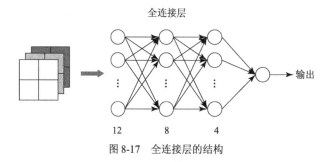

图 8-17　全连接层的结构

图 8-17 中，来自前一层的卷积层或池化层会被展开成一维向量，由 12 个神经元组成。然后是两层前馈神经网络层，各包含 8 个和 4 个神经元。接着就是整个卷积神经网络的输出层，输出层可以是单个神经元（二分类），也可以是 Softmax 层（多个神经元，多分类）。最后输出的是预测的概率值。其实，这里的全连接层与传统前馈神经网络是一样的。

值得一提的是，全连接层的层数和各层包含的神经元个数是不固定的，可以根据情况选择。

为什么卷积神经网络最后需要引入全连接层呢？卷积层提取的是局部特征，全连接层就是把之前按所有的局部特征重新通过权值矩阵组装成完整的图，因为用到了所有的局部特征，所以叫作全连接层。实际上，卷积层提取好特征，由全连接层对特征再次进行完整的学习和训练，最终实现分类的效果。

直观地说，卷积层提取的是局部视野，如果用它类比我们的眼睛的话，就是将外界信息翻译成神经信号的工具，它能将接收的输入中的各个特征提取出来；而全连接层好比是我们的大脑，它能够利用卷积层提取的特征来做出相应的决策，全连接层起到将学习到的分布式特征表示映射到样本标记空间的作用。

事实上，卷积神经网络的强大之处其实就在于其卷积层强大的特征提取能力。我们完全可以利用卷积神经网络将特征提取出来，然后使用全连接层或决策树、支持向量机等各种机器学习算法模型来进行分类。

8.6　卷积神经网络模型

介绍完卷积层、池化层、全连接层之后，我们就可以构建一个完整的卷积神经网络模型，如图 8-18 所示。

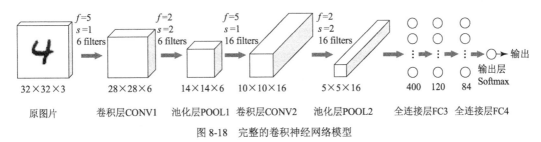

图 8-18　完整的卷积神经网络模型

图 8-18 展示的是一个完整的卷积神经网络模型。从整体上来看，模型的输入是维度为 $32\times32\times3$ 的图片，输出是一个 Softmax 层，处理的是多分类问题。除了输入之外，模型的主要结构有 7 个，分别是卷积层 CONV1、池化层 POOL1、卷积层 CONV2、池化层 POOL2、全连接层 FC3、全连接层 FC4、输出层 Softmax。

在卷积层 CONV1 中，使用的卷积核尺寸 $f=5$，卷积核的个数为 6 个，步幅 $s=1$，则该层输出的尺寸为 $32-5+1=28$，维度为 $28\times28\times6$。包含的参数个数为 $(5\times5\times3+1)\times6=456$，因为每个卷积核有 $5\times5\times3=75$ 个参数，还有 1 个偏置参数，6 个卷积核。

在池化层 POOL1 中，使用的滤波器算子尺寸 $f=2$，滤波器算子个数为 6 个，步幅 $s=2$，则该层输出的尺寸为 $28\div2=14$，维度为 $14\times14\times6$。包含的参数为 0，因为池化层没有参数。

在卷积层 CONV2 中，使用的卷积核尺寸 $f=5$，卷积核的个数为 16 个，步幅 $s=1$，则该层输出的尺寸为 $14-5+1=10$，维度为 $10\times10\times16$。包含的参数个数为：$(5\times5\times6+1)\times16=2416$，因为每个卷积核有 $5\times5\times6=125$ 个参数，还有 1 个偏置参数，16 个卷积核。

在池化层 POOL2 中，使用的滤波器算子尺寸 $f=2$，滤波器算子个数为 16 个，步幅 $s=2$，则该层输出的尺寸为 $10\div2=5$，维度为 $5\times5\times16$。包含的参数为 0，因为池化层没有参数。

接下来，我们需要将上一个池化层三维矩阵拉伸成一维向量，以便后面与全连接层相连。因为 POOL2 的维度是 $5\times5\times16$，则拉伸为一维向量的神经元个数为 $5\times5\times16=400$。这一层是展开层，没有参数。

在全连接层 PC3 中，它的输入是 400 个神经元，该层包含了 120 个神经元。因此，总共包含的参数 W 和 b 的个数为 $400\times120+120=48\,120$。其中，400×120 是权重参数 W 的数量，120 是偏置参数 b 的数量。

在全连接层 PC4 中，它的输入是 120 个神经元，该层包含了 84 个神经元。因此，总共包含

的参数 W 和 b 的个数为 $120 \times 84 + 84 = 10\,164$。其中，$120 \times 84$ 是权重参数 W 的数量，84 是偏置参数 b 的数量。

在最后的输出层 Softmax，例如输出有 10 个神经元，即实现的是十分类问题。它的输入是 84 个神经元，该层包含了 10 个神经元。因此，总共包含的参数 W 和 b 的个数为 $84 \times 10 + 10 = 850$。其中，84×10 是权重参数 W 的数量，10 是偏置参数 b 的数量。

以上就是对该卷积神经网络模型所有细节的描述和参数的统计情况。

了解了卷积神经网络模型的基本结构之后，如何来训练这个模型呢？实际上，训练卷积神经网络模型就是训练优化网络结构中所有的参数值。在这点上，原理与传统的前馈神经网络相同。

卷积神经网络模型的训练过程也是基于梯度下降算法的。开始训练时，卷积神经网络中卷积层的卷积核系数包括全连接层各项参数都是随机初始化的；然后，整个网络进行前向传播，计算模型的损失函数；接着，使用梯度下降算法及各种优化算法进行反向传播，更新各个参数值。经过多次迭代训练之后，各卷积核参数和全连接层的各项参数都将取得最优值，从而使模型具有较高的准确率。

卷积神经网络模型的结构相对比较复杂，训练过程涉及较多的参数和复杂的计算，如果完全使用手动搭建的方式效率会很低。因此，在掌握卷积神经网络基本原理的前提下，建议使用各种成熟的深度学习框架来搭建卷积神经网络模型，例如 PyTorch 和 TensorFlow。8.8 节和 8.9 节将使用 PyTorch 和 TensorFlow 来搭建一个卷积神经网络模型，解决图片分类的问题。

有一个问题：与传统的前馈神经网络相比，为什么卷积神经网络在图片分类问题上的性能表现更优呢？其实，我们在 8.1 节已经有所提及。首先，卷积神经网络参数的数目要少得多。一方面特征检测器（如垂直边缘检测）对图片某块区域有用，同时也可能作用在图片其他区域；另一方面因为滤波器算子尺寸的限制，每一层的每个输出只与输入部分区域内有关。这样就使卷积核能够在图片的很多区域内发生作用，节省了不必要的参数。其次，由于卷积神经网络参数的数目较小，所需的训练样本也相对较少，在一定程度上不容易发生过拟合现象。而且，卷积神经网络比较擅长捕捉区域位置偏移，也就是说卷积神经网络进行物体检测时，受物体所处图片位置的影响较小，增加了检测的准确性和系统的健壮性。

8.7 典型的卷积神经网络模型

前几节已经介绍了卷积神经网络的基本结构，本节将主要介绍几个具有代表性的卷积神经网络模型。

8.7.1　LeNet-5

LeNet-5 模型是 Yann LeCun 于 1998 年提出来的,它是第一个成功应用于数字识别问题的卷积神经网络。在 MNIST 数据中,它的准确率达到大约 99.2%。典型的 LeNet-5 结构包含卷积层、池化层和全连接层,顺序一般是:卷积层→池化层→卷积层→池化层→全连接层→全连接层→输出层。

图 8-19 展示了 LeNet-5 的基本结构。输入是二维的灰度图像,尺寸为 32×32;C1 是卷积层,尺寸为 6×28×28,注意这里把通道数放在第 0 个维度;S2 是池化层,尺寸为 6×14×14;C3 是卷积层,尺寸为 16×10×10;S4 是池化层,尺寸为 16×5×5;C5 是全连接层,包含 120 个神经元;F6 是全连接层,包含 84 个神经元;OUTPUT 是输出层,一般是 Softmax 层。

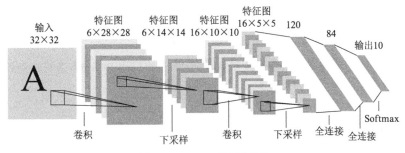

图 8-19　LeNet-5 的基本结构

其实 LeNet-5 网络与图 8-18 中的卷积神经网络模型基本是一样的,只是图 8-18 的卷积神经网络模型的输入图像是三通道的,而这里的 LeNet-5 是单通道的。可以说,LeNet-5 是简单但又功能强大的卷积神经网络模型之一。

8.7.2　AlexNet

AlexNet 是 2012 年 ImageNet 竞赛冠军获得者 Hinton 和他的学生 Alex Krizhevsky 设计的。AlexNet 可以直接对彩色的大图片进行处理,对于传统的机器学习分类算法而言,它的性能相当出色。

AlexNet 是由 5 个卷积层和 3 个全连接层组成,顺序一般是:卷积层→池化层→卷积层→池化层→卷积层→卷积层→卷积层→池化层→全连接层→全连接层→输出层。AlexNet 的基本结构如图 8-20 所示。

AlexNet 的输入是二维的彩色图片,尺寸为 224×224×3。可以看到,AlexNet 比 LeNet-5 更加复杂,而且输入图片的尺寸更大,还是三通道的彩色图片。这也决定了 AlexNet 的性能更好,模型更强大。

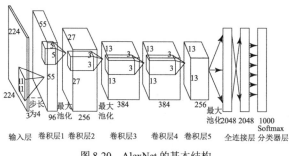

图 8-20　AlexNet 的基本结构

8.8　卷积神经网络模型的 PyTorch 实现

对卷积神经网络模型有了比较深入的了解之后，本节将使用 PyTorch 来搭建卷积神经网络模型，并进行手写数字图片的识别和分类。

8.8.1　准备数据

我们选用的数据集是非常有名的手写数据集 MNIST。MNIST 数据集来自美国国家标准与技术研究所（National Institute of Standards and Technology，NIST），包含数字 0～9 的手写版。

MNIST 数据集由 60 000 张训练图片和 10 000 万张测试图片构成，每张图片的尺寸都是 28×28×1（灰度图像，单通道）。MNIST 数据集如图 8-21 所示。

图 8-21　MNIST 数据集

MNIST 数据集一般由以下四个部分组成。

训练图片：train-images-idx3-ubyte。

训练图片标签：train-labels-idx1-ubyte。

测试图片：t10k-images-idx3-ubyte。

测试图片标签：t10k-labels-idx1-ubyte。

可以看到，MNIST 数据集采用 ubyte 格式存储，便于压缩和节省空间。

在 PyTorch 中，下载和导入 MNIST 数据集非常简单，可以使用 torchvision 库来完成。关于

torchvision，我们在 2.2 节安装 PyTorch 的时候就简单介绍过并完成了 torchvision 的安装。其实，torchvision 是一个专门进行图形处理的库，可加载比较常见的数据库，如 ImageNet、CIFAR10、MNIST 等。使用 torchvision 的好处是避免了重复编写数据集加载代码，让数据集的加载更加简单。

图片的数据转换采用 torchvision.datasets 和 torch.utils.data.DataLoader 即可完成。下载并导入 MNIST 数据集的代码如下：

```
import torch
import torchvision
import torchvision.transforms as transforms
import torch.nn as nn
import torch.nn.functional as F
import torch.optim as optim
import matplotlib.pyplot as plt
import numpy as np

transform = transforms.Compose(
    [transforms.ToTensor()])

# 训练集
trainset = torchvision.datasets.MNIST(
        root='./datasets/ch08/pytorch',     # 选择数据的根目录
        train=True,
        download=True,                      # 从网络上下载图片
        transform=transform)
trainloader = torch.utils.data.DataLoader(
        trainset,
        batch_size=4,
        shuffle=True,
        num_workers=2)
# 测试集
testset = torchvision.datasets.MNIST(
        root='./datasets/ch08/pytorch',     # 选择数据的根目录
        train=False,
        download=True,                      # 从网络上下载图片
        transform=transform)
testloader = torch.utils.data.DataLoader(
        testset,
        batch_size=4,
        shuffle=False,
        num_workers=2)
```

在上面的代码中，torchvision.datasets.MNIST 会自动在网络上下载 MNIST 数据集，参数 root 设置数据集在本地存放的目录，可自由选择。注意，对于训练集，参数 train 设置为 True；对于测试集，参数 train 设置为 False。关于参数 download，如果是第一次运行该代码，则将其设置为 True，表示从网络上下载 MNIST 数据集；如果已经下载了数据集，就可以将其设置为 False。参

数 transform 实现将输入图像转化为张量，并将数值归一化到[0,1]范围内。

torch.utils.data.DataLoader 实现的是对数据集的处理。参数 batch_size 表示每个小批量样本集中的样本数量。参数 shuffle 表示是否在每个 epoch 中随机打乱数据集，这样做的目的是使每个 epoch 数据集的次序都不一样，保证每个小批量样本集尽可能不一样，提高接下来的训练效果。参数 num_workers 表示使用多少个子进程来导入数据。

接下来，运行上面的代码，程序会自动下载 MNIST 数据集，并将其存放在目录 "./datasets/ch08/pytorch"下。

我们可以来看一下 trainset 和 testset 的内容：

```
print(trainset)
Dataset MNIST
    Number of datapoints: 60000
    Split: train
    Root Location: ./datasets/ch08
    Transforms (if any): Compose(
                             ToTensor()
                         )
Target Transforms (if any): None


print(testset)
Dataset MNIST
    Number of datapoints: 10000
    Split: test
    Root Location: ./datasets/ch08
    Transforms (if any): Compose(
                             ToTensor()
                         )
    Target Transforms (if any): None
```

下面的代码展示了一个小批量样本集的训练集图片以及标注正确标签的过程。

```
def imshow(img):
    npimg = img.numpy()
    plt.imshow(np.transpose(npimg, (1, 2, 0)))


# 选择一个 batch 的图片
dataiter = iter(trainloader)
images, labels = dataiter.next()
# 显示图片
imshow(torchvision.utils.make_grid(images))
plt.show()
# 打印 标签
print(' '.join('%11s' % labels[j].numpy() for j in range(4)))
```

运行上面的代码，得到一个小批量样本集的图片和对应的标签，如图 8-22 所示。

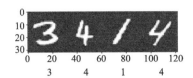

图 8-22　一个小批量样本集的图片和对应的标签

8.8.2　定义卷积神经网络模型

此处，我们使用之前介绍的 LeNet-5 网络，其结构如图 8-19 所示。

在 PyTorch 中构建卷积神经网络模型非常简单，代码如下：

```
class Net(nn.Module):
    def __init__(self):
        super(Net, self).__init__()
        # 1个输入图片通道，6个输出通道，5×5 卷积核
        self.conv1 = nn.Conv2d(1, 6, 5)
        # max pooling, 2×2
        self.pool1 = nn.MaxPool2d(2, 2)
        # 6个输入图片通道，16个输出通道，5×5 卷积核
        self.conv2 = nn.Conv2d(6, 16, 5)
        # max pooling, 2×2
        self.pool2 = nn.MaxPool2d(2,2)
        # 拉伸成一维向量，全连接层
        self.fc1 = nn.Linear(16 * 4 * 4, 120)
        # 全连接层
        self.fc2 = nn.Linear(120, 84)
        # 全连接层，输出层 Softmax，10 个数字
        self.fc3 = nn.Linear(84, 10)

    def forward(self, x):
        x = F.relu(self.conv1(x))
        x = self.pool1(x)
        x = F.relu(self.conv2(x))
        x = self.pool2(x)
        # 拉伸成一维向量
        x = x.view(-1, 16 * 4 * 4)
        x = F.relu(self.fc1(x))
        x = F.relu(self.fc2(x))
        x = self.fc3(x)
        return x
```

上面的代码是构建卷积神经网络模型的核心部分。我们发现 PyTroch 构建卷积神经网络模型的过程非常简单，只需要简单的几行语句。在类 Net 的初始化函数中，直接搭建卷积层、池化层和全连接层。其中，nn.Conv2d(1, 6, 5) 里的 "1" 代表输入图片的通道数，因为是灰度图片，

所以通道为 1；"6" 表示第一层卷积核的组数；"5" 表示卷积核的尺寸大小。nn.Conv2d(6, 16, 5) 的含义以此类推。nn.MaxPool2d(2, 2) 表示池化层采用最大池化，2 表示尺寸大小。nn.Linear(16 * 4 * 4, 120) 表示第一个全连接层。16*4*4 表示前一池化层展开为一维矩阵的长度。下面解释 16*4*4 是怎样得来的。

MNIST 图片的尺寸为 28×28×1，经过第一层卷积层和池化层后，尺寸为：

$$\frac{28-5}{1}+1=24$$

$$\frac{24}{2}=12$$

经过第二层卷积层和池化层后，尺寸为：

$$\frac{12-5}{1}+1=8$$

$$\frac{8}{2}=4$$

由于该池化层滤波器组个数为 16，则拉伸一维数组的长度就是 16*4*4。

函数 forward(self, x)定义了卷积神经网络的前向传播过程。接下来，我们可以建立一个 Net 对象，并查看它的网络结构。

```
net = Net()
print(net)
Net(
  (conv1): Conv2d(1, 6, kernel_size=(5, 5), stride=(1, 1))
  (pool1): MaxPool2d(kernel_size=2, stride=2, padding=0, dilation=1, ceil_mode=False)
  (conv2): Conv2d(6, 16, kernel_size=(5, 5), stride=(1, 1))
  (pool2): MaxPool2d(kernel_size=2, stride=2, padding=0, dilation=1, ceil_mode=False)
  (fc1): Linear(in_features=256, out_features=120, bias=True)
  (fc2): Linear(in_features=120, out_features=84, bias=True)
  (fc3): Linear(in_features=84, out_features=10, bias=True)
)
```

可见，整个 Net 结构非常直观，可以完整、清晰地查看我们构建的卷积神经网络模型的结构。

8.8.3 损失函数与梯度优化

该项目是一个分类问题，所以损失函数使用交叉熵，PyTorch 中用 nn.CrossEntropyLoss 表示交叉熵。如果是回归问题，损失函数一般使用均方差，PyTorch 中用 nn.MSELoss 表示均方差。

在卷积神经网络模型的反向传播中，仍然是基于梯度下降算法来优化参数的。我们在第 7 章介绍过很多梯度优化算法，如 RMSprop、Adam 等，这些梯度优化算法同样可以应用到卷积神经网络模型中。使用方法非常简单,直接调用 PyTorch 中的 torch.optim 模块即可。例如,torch.optim. RMSprop 表示 RMSprop 优化,torch.optim.Adam 表示 Adam 优化。

定义损失函数和梯度优化的代码如下:

```
criterion = nn.CrossEntropyLoss()
optimizer = optim.Adam(net.parameters(), lr=0.0001)
```

这里,我们使用的梯度优化算法是 Adam,学习率设置为 0.0001。

8.8.4　训练模型

定义好模型、损失函数和梯度优化算法之后,就可以训练卷积神经网络模型了。我们选择的 epoch 数目为 5,代码如下:

```
num_epochs = 5          # 设置 epoch 数目
cost = []               # 损失函数累加

for epoch in range(num_epochs):

    running_loss = 0.0
    for i, data in enumerate(trainloader, 0):
        # 输入样本和标签
        inputs, labels = data
        # 每次训练梯度清零
        optimizer.zero_grad()

        # 正向传播、反向传播和优化过程
        outputs = net(inputs)
        loss = criterion(outputs, labels)
        loss.backward()
        optimizer.step()

        # 打印训练情况
        running_loss += loss.item()
        if (i+1) % 2000 == 0:  # 每隔 2000 个小批量样本打印一次
            print('[epoch: %d, mini-batch:%5d] loss: %.3f' %
                (epoch + 1, i + 1, running_loss / 2000))
            cost.append(running_loss / 2000)
            running_loss = 0.0
```

上述代码中需要注意的是,每次迭代训练时都要先把所有梯度清零,即执行 optimizer.zero_grad()。否则,梯度会累加,造成训练错误和失效。PyTorch 中的.backward()可自动完成所有梯度计算。

训练的过程中,每隔 2000 个小批量样本,会将损失打印出来。整个训练过程中,running_loss 的变化趋势如图 8-23 所示。

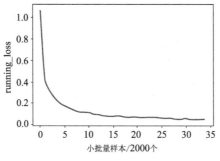

图 8-23　running_loss 的变化趋势

很明显，在训练的过程中，running_loss 是逐渐减小的，说明我们的训练是有效的。

8.8.5　测试模型

接下来就是最后一步，使用训练好的模型进行测试，验证模型的效果。

首先，验证模型在训练集上的效果，代码如下：

```
correct = 0
total = 0
with torch.no_grad():
    for data in trainloader:
        images, labels = data
        outputs = net(images)
        _, predicted = torch.max(outputs.data, 1)
        total += labels.size(0)
        correct += (predicted == labels).sum().item()

print('Accuracy on the 60000 train images: %.3f %%' %
    (100 * correct / total))
```

打印的结果如下：

```
Accuracy on the 60000 train images: 98.733 %
```

然后，验证模型在测试集上的效果，代码如下：

```
correct = 0
total = 0
with torch.no_grad():
    for data in testloader:
        images, labels = data
        outputs = net(images)
        _, predicted = torch.max(outputs.data, 1)
        total += labels.size(0)
        correct += (predicted == labels).sum().item()
```

```
print('Accuracy on the 10000 test images: %.3f %%' %
    (100 * correct / total))
```

打印的结果如下：

```
Accuracy on the 10000 train images: 98.600 %
```

可以看出，训练集的准确率达到 98.733%，测试集的准确率达到 98.600%。从结果来看，该卷积神经网络模型的性能是相当不错的。

8.9　卷积神经网络模型的 TensorFlow 实现

本节将使用 TensorFlow 来搭建卷积神经网络模型，并对 MNIST 手写数字图片进行识别和分类。

8.9.1　准备数据

对于 MNIST 数据集，我们在 8.8.1 节已有所介绍，这里就不赘述了。在 TensorFlow 中下载和导入 MNIST 数据集也非常简单，代码如下：

```
from tensorflow.examples.tutorials.mnist import input_data
import tensorflow as tf

mnist = input_data.read_data_sets(
        './datasets/ch08/MNIST',one_hot=True)
```

很简单，只需要一行语句 input_data.read_data_sets()就可以自动从官网上下载 MNIST 数据集，可以指定下载目录。one_hot=True 表示设置输出为独热编码。

上述代码中的 mnist 包含了训练集、验证集和测试集。我们可以使用以下语句来查看各数据集的维度。

```
print(mnist.train.images.shape)
print(mnist.train.labels.shape)
(55000, 784)
(55000, 10)


print(mnist.validation.images.shape)
print(mnist.validation.labels.shape)
(5000, 784)
(5000, 10)
```

```
print(mnist.test.images.shape)
print(mnist.test.labels.shape)
(10000, 784)
(10000, 10)
```

可见，原本 MNIST 训练集包含 60 000 个样本，现在分成训练集（55 000 个样本）和验证集（5 000 个样本）。划分验证集的好处是可以用来验证模型，但在本例中不会用到它。

8.9.2　定义卷积神经网络模型

TensorFlow 中定义卷积神经网络模型并不像 PyTorch 中那样简便，首先需要定义几个创建模型所需要的函数。

```
# input 代表输入，filter 代表卷积核
# 卷积层
def conv2d(x, filter):
    return tf.nn.conv2d(x,
                        filter,
                        strides=[1,1,1,1],
                        padding='SAME')

# 池化层
def max_pool(x):
    return tf.nn.max_pool(x,
                          ksize=[1,2,2,1],
                          strides=[1,2,2,1],
                          padding='SAME')

# 初始化卷积核或者权重数组的值
def weight_variable(shape):
    initial = tf.truncated_normal(shape, stddev=0.1)
    return tf.Variable(initial)

# 初始化 bias 的值
def bias_variable(shape):
    initial = tf.constant(0.1, shape=shape)
    return tf.Variable(initial)
```

上述代码中，conv2d() 是定义卷积层的函数；x 表示上一层输入；filter 表示卷积核尺寸；stride 表示步幅；padding='SAME' 表示进行填充，保证卷积运算前后尺寸不变。

max_pool() 是定义池化层的函数，各参数与 conv2d() 是一样的。

weight_variable() 和 bias_variable() 是参数 W 和 b 的初始化函数，其中，W 进行随机初始化，方差为 0.1，b 初始化为常量 0.1。

1. CONV1

下面，首先来定义卷积层 1（包含池化层），代码如下：

```
# None 代表图片数量未知
x = tf.placeholder(tf.float32, [None,784])/255
# 将 input 重新调整结构，适用于卷积神经网络的特征提取
x_image = tf.reshape(x, [-1,28,28,1])

# 卷积核尺寸：5×5，输入通道：1，输出通道：32
W_conv1 = weight_variable([5, 5, 1, 32])
b_conv1 = bias_variable([32])
# 输出尺寸：28×28×32
h_conv1 = tf.nn.relu(conv2d(x_image, W_conv1) + b_conv1)
# 输出尺寸：14×14×32
h_pool1 = max_pool(h_conv1)
```

因为 x 是训练集，所以需要用到 TensorFlow 中的占位符 tf.placeholder()，输入经过数值归一化之后，将其维度转换成图片维度。

该层采用的卷积核尺寸为 5×5×1×32，1 表示输入图片的通道数，32 表示该层输出的通道数。最后得到的 h_pool1 就是经过第 1 个卷积层和池化层后的输出，尺寸为 14×14×32。

2. CONV2

接下来定义卷积层 2（包含池化层），代码如下：

```
# 卷积核尺寸：5×5，输入通道：32，输出通道：64
W_conv2 = weight_variable([5, 5, 32, 64])
b_conv2 = bias_variable([64])
# 输出尺寸：14×14×64
h_conv2 = tf.nn.relu(conv2d(h_pool1, W_conv2) + b_conv2)
# 输出尺寸：7×7×64
h_pool2 = max_pool(h_conv2)
```

该层采用的卷积核尺寸为 5×5×32×64，32 表示上一层的通道数，64 表示该层输出的通道数。最后得到的 h_pool2 就是经过第 2 个卷积层和池化层后的输出，尺寸为 7×7×64。

3. FC1

经过两次卷积层和池化层之后，接下来定义全连接层，代码如下：

```
W_fc1 = weight_variable([7*7*64, 1024])
b_fc1 = bias_variable([1024])
h_pool2_flat = tf.reshape(h_pool2, [-1, 7*7*64])  # 展开为一维向量
h_fc1 = tf.nn.relu(tf.matmul(h_pool2_flat, W_fc1) + b_fc1)
```

由于上一层的输出维度是 7×7×64，因此在全连接层之前需要将其展开为一维向量作为输入，FC1 包含的神经元个数为 1024，使用的激活函数是 ReLU。这里的运算方法与传统的前馈

神经网络是类似的。

4. FC2

最后，定义第二个全连接层，即 Softmax 输出层，代码如下：

```
W_fc2 = weight_variable([1024, 10])
b_fc2 = bias_variable([10])
prediction = tf.nn.softmax(tf.matmul(h_fc1, W_fc2) + b_fc2)
```

Softmax 输出层包含的神经元个数为 10 个，因为数据集包含 10 个数字。

8.9.3 损失函数与优化算法

对于分类问题，损失函数使用交叉熵，梯度下降算法使用 Adam，学习率设置为 $1e-4$。

```
# y是最终预测的结果
y = tf.placeholder(tf.float32, [None,10])
cross_entropy = tf.reduce_mean(-tf.reduce_sum(y * tf.log(prediction),reduction_
indices=[1]))
train_step = tf.train.AdamOptimizer(1e-4).minimize(cross_entropy)
```

还需要定义一个计算准确率的函数，代码如下：

```
# 判断预测标签和实际标签是否匹配
correct_prediction = tf.equal(tf.argmax(prediction,1), tf.argmax(y,1))
accuracy = tf.reduce_mean(tf.cast(correct_prediction,"float"))
```

8.9.4 训练并测试

定义好模型、损失函数和梯度优化算法之后，就可以训练卷积神经网络模型了。

```
sess = tf.Session()
init = tf.global_variables_initializer()
sess.run(init)

for i in range(1000):
    batch_x, batch_y = mnist.train.next_batch(100)
    sess.run(train_step, feed_dict={x: batch_x, y: batch_y})
    if (i+1) % 50 == 0:
        print("train accuracy %.3f" % accuracy.eval(session = sess,
                feed_dict = {x:batch_x, y:batch_y}))
print("test accuracy %.3f" % accuracy.eval(session = sess,
    feed_dict = {x:mnist.test.images, y:mnist.test.labels}))
```

上述代码中，选择的每个小批量样本集中样本的数量为 100，迭代训练 1000 次。每隔 50 次，将训练集的准确率打印出来，最终计算模型对整个测试集的准确率并打印。

运行程序，得到测试集的准确率 0.971，可以说效果非常好。

第 9 章
循环神经网络

第 8 章介绍了卷积神经网络，卷积神经网络的输入一般是图片。本章将介绍另一种新的神经网络结构——循环神经网络。循环神经网络是一类以序列数据为输入，在序列的演进方向进行递归且所有节点（循环单元）按链式连接的递归神经网络。

9.1　为什么选择循环神经网络

在生活和工作中，我们会遇到许多序列信号，如一段语音、一段文字、一首音乐等。这些序列信号都有一个共同的特点，即某一点的信号与它之前或之后的某些信号是有关系的。例如，当我们理解一句话的意思时，孤立地理解这句话的每个词是不够的，我们需要处理这些词连接起来的整个序列；当我们处理视频的时候，我们也不能只单独地分析每一帧，而要分析这些帧连接起来的整个序列。

为了更好地解决序列信号问题，如语音识别、机器翻译、情感分类、音乐发生器等，是否可以使用传统的前馈神经网络模型呢？对于序列模型，如果使用传统的前馈神经网络，则其模型结构如图 9-1 所示。

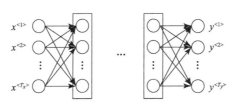

图 9-1　传统的前馈神经网络模型

图 9-1 中，$[x^{<1>}, x^{<2>}, \cdots, x^{<T_x>}]$ 是传统的前馈神经网络模型的输入，即序列信号，T_x 表示输入信号的长度，例如一段文字包含的单词数目、一段语音持续的时间；$[y^{<1>}, y^{<2>}, \cdots, y^{<T_y>}]$ 是序列模型的输出，T_y 表示输出信号的长度。

使用传统的前馈神经网络解决序列信号问题存在两个困难。

第一，不同样本的输入序列长度或输出序列长度可能不同，即 $T_x^{(i)} \neq T_x^{(j)}$、$T_y^{(i)} \neq T_y^{(j)}$。例如无法确定两句话包含的单词数目一样，这就造成模型难以统一。可能的解决办法是设定一个最大序列长度，对每个输入和输出序列补零并统一到最大长度。但是这种做法的实际效果并不理想，而且比较烦琐。

第二，这种传统的前馈神经网络结构无法共享序列不同 $x^{<t>}$ 之间的特征，这是使用传统的前馈神经网络解决序列信号问题最主要的困难。例如一句话中，如果某个 $x^{<t>}$ 是"张三"，表示人名，那么句子其他位置出现的"张三"很可能也是人名。这是共享特征的结果，如同卷积神经网络的特点一样。但是，图 9-1 所示的传统的前馈神经网络不具备共享特征的能力。

9.2　循环神经网络的基本结构

接下来，我们来看一看循环神经网络的基本结构，如图 9-2 所示。

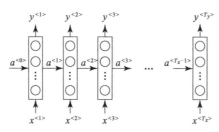

图 9-2　循环神经网络的基本结构

图 9-2 中，$[x^{<1>}, x^{<2>}, \cdots, x^{<T_x>}]$ 是循环神经网络的输入序列，序列长度为 T_x，上标 $<t>$ 表示第 t 个元素。输入序列可能是一段文字、一段语音，也可能是其他序列信号。输入序列中的每个元素 $x^{<t>}$ 都是一维向量。

举例来说，如果输入序列是一段文字，例如"I am hungry"。这段序列包含 3 个单词：I、am、hungry，$T_x = 3$。对于循环神经网络模型来说，该序列显然是不能直接作为输入的，必须要对它们进行处理。最常用的方法就是使用独热编码进行处理。

做法很简单，就是建立一个词汇表，例如包含 1000 个单词，每个单词使用独热形式进行编码。这样，每个单词就由维度为 1000×1 的向量组成。该向量对应词汇表顺序，相应单词对应位置数值为 1，其他位置数值全为 0。

对于本例来说，我们也要建立一个词汇表，为了计算简便，建立一个只包含 4 个单词的词汇表。该序列包含的 3 个单词 I、am、hungry 分别位于词汇表的第 3、0、2 位置处（注意索引是从 0 开始）。使用独热编码，得到的各个输入信号如下：

$$x^{<1>} = \begin{bmatrix} 0 \\ 0 \\ 0 \\ 1 \end{bmatrix} \quad x^{<2>} = \begin{bmatrix} 1 \\ 0 \\ 0 \\ 0 \end{bmatrix} \quad x^{<3>} = \begin{bmatrix} 0 \\ 0 \\ 1 \\ 0 \end{bmatrix}$$

这样，每个单词经过独热编码之后，就成了一维向量，向量长度与单词表的长度相同。

如果是多样本的情况，使用上标 (i) 表示第 i 个样本，$X^{(i)<t>}$ 表示第 i 个样本序列的第 t 个元素；$T_x^{(i)}$ 表示第 i 个样本序列包含的元素个数。不同样本的 T_x 可能不同，因为如果是文字序列的话，每句话不可能长度都一致。对于这种问题，最简单的办法就是在构建循环神经网络模型时限定输入序列长度 T_x。如果样本序列长度小于 T_x 则进行补零，如果样本序列长度大于 T_x 则直接将末尾截断。

相应地，$[y^{<1>}, y^{<2>}, \cdots, y^{<T_y>}]$ 是循环神经网络模型的输出序列，序列长度为 T_y，此模型输入与输出长度相同，即 $T_x = T_y$。

注意，模型中的 $a^{<t>}$ 是记忆单元，是当前层的输出，同时也作为下一层的输入。这样就能实现将序列信号中单个信号的信息传递给后面的信号，实现信号的记忆和传递功能，建立序列信号的前后联系。其中，$a^{<0>}$ 一般为零向量。

上面介绍的循环神经网络模型中，$T_x = T_y$，但这不是绝对的。在很多循环神经网络模型中，T_x 是不等于 T_y 的。例如情感分类模型中，$T_x \neq T_y$，是根据具体情况而定，从而构建不同的循环神经网络模型。

9.3　模型参数

循环神经网络模型包含三类权重系数，分别是 W_{ax}、W_{aa}、W_{ya}，同时包含两类偏置系数，分别是 b_a、b_y。而且循环神经网络模型的一大特点是不同元素在同一位置共享权重系数和偏置系数，这样做的目的是让模型参数与序列信号长度无关。

加入参数后的循环神经网络模型如图 9-3 所示，图中标注了权重参数 W_{ax}、W_{aa}、W_{ya}。基于此模型，我们可以列出其前向传播公式：

$$\begin{cases} a^{<t>} = g(W_{aa} \cdot a^{<t-1>} + W_{ax} \cdot x^{<t>} + b_a) \\ y^{<t>} = g(W_{ya} \cdot a^{<t>} + b_y) \end{cases} \tag{9-1}$$

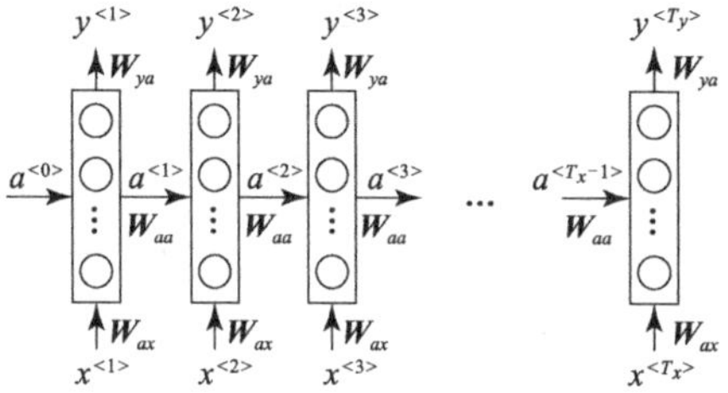

图 9-3　带参数的循环神经网络模型的基本结构

由式（9-1）可以知道，记忆单元 $a^{<t>}$ 由前一个记忆单元 $a^{<t-1>}$ 和输入元素 $x^{<t>}$ 共同决定；输出元素 $y^{<t>}$ 由当前记忆单元 $a^{<t>}$ 决定。其中，$g(\cdot)$ 表示激活函数，可根据实际情况进行选择。

一般地，为了便于表示，可以把 W_{aa} 和 W_{ax} 合并，使用一个参数 W_a 来表示。则式（9-1）可以写成：

$$\begin{cases} a^{<t>} = g(W_a \cdot [a^{<t-1>}, x^{<t>}] + b_a) \\ y^{<t>} = g(W_{ya} \cdot a^{<t>} + b_y) \end{cases} \tag{9-2}$$

循环神经网络模型的损失函数与传统的前馈神经网络、卷积神经网络都是一样的。根据模型功能，如果是分类问题，则一般使用交叉熵损失；如果是回归问题，则一般使用均方误差。

循环神经网络模型的反向传播过程与其他神经网络模型一样，可以使用各种梯度优化算法，更新网络参数 W_{ax}、W_{aa}、W_{ya}、b_a、b_y。经过多次迭代训练之后，最终确定所有的参数。这样，整个模型就训练完成了。

值得一提的是，循环神经网络模型的梯度优化一般可以通过成熟的深度学习框架自动求导，如 PyTorch、Tensorflow 等。不建议手动计算，因为计算量是非常庞大的。

9.4　梯度消失

序列信号可能存在跨度很大的依赖关系。例如，一句话中的某个单词可能与它距离较远的某个单词具有强依赖关系，虽然它们之间跨越了很多单词。而一般的循环神经网络模型每个元素受其周围元素的影响较大，难以建立跨度较大的依赖性。如果距离较远的两个元素存在强依赖关系，由于跨度很大，普通的循环神经网络容易出现梯度消失，因此很难捕捉到它们之间的依赖，容易造成语法错误。

关于梯度消失，我们在 7.3.2 节已经介绍过。总体来说就是普通循环神经网络结构容易发生梯度消失，梯度消失会影响序列信号距离较远的元素之间可能存在的强依赖关系。这对循环神经网络模型的训练是非常不利的。

9.5　GRU

首先，我们来看一下循环神经网络隐藏层，关于记忆单元的计算。

图 9-4 展示的是一般循环神经网络隐藏层记忆单元的计算。计算公式很简单，如下所示：

$$a^{<t>} = \tanh(W_a \cdot [a^{<t-1>}, x^{<t>}] + b_a) \tag{9-3}$$

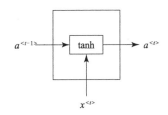

图 9-4　循环神经网络记忆单元的计算

此处使用的激活函数是 tanh。这种结构存在一个很严重的缺点，就是阻断了 $a^{<t>}$ 与 $a^{<t-1>}$ 的直接性联系，相当于少了一个记忆单元，记住之前的记忆单元 $a^{<t-1>}$，这是造成梯度消失的主要原因。

因此，为了解决梯度消失问题，需要对上述单元进行修改。这种结构称为 GRU（Gated Recurrent Unit），具体结构如图 9-5 所示。

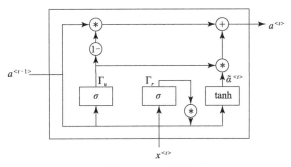

图 9-5　GRU 结构

图 9-5 中，GRU 结构对应的表达式如下：

$$\begin{cases} \Gamma_u = \sigma(\boldsymbol{W}_u \cdot [a^{<t-1>}, x^{<t>}] + b_u) \\ \Gamma_r = \sigma(\boldsymbol{W}_r \cdot [a^{<t-1>}, x^{<t>}] + b_r) \\ \tilde{a}^{<t>} = \tanh(\boldsymbol{W}_a \cdot [\Gamma_r * a^{<t-1>}, x^{<t>}] + b_a) \\ a^{<t>} = \Gamma_u * \tilde{a}^{<t>} + (1 - \Gamma_u) * a^{<t-1>} \end{cases} \tag{9-4}$$

式中，σ 表示使用激活函数 Sigmoid；Γ_u 和 Γ_r 都是门控单元，取值范围为 $[0,1]$。注意，$\cdot$ 表示矩阵相乘，而 $*$ 表示矩阵对应元素相乘。

Γ_u 表示记忆单元。当 $\Gamma_u = 1$ 时，代表更新，$a^{<t>} = \tilde{a}^{<t>}$；当 $\Gamma_u = 0$ 时，代表记忆，$a^{<t>} = a^{<t-1>}$，保留之前的模块输出。也就是说，Γ_u 的大小表示对上一个 $a^{<t-1>}$ 的"忘记"程度。值越大，代表"忘记"得越明显；值越小，代表"记住"得越明显。

所以，根据 Γ_u 的值，能够让模型自己选择是"忘记"还是"记忆"。对需要"记住"的单元，Γ_u 会比较小；对需要更新的单元，Γ_u 会比较大。模型会在训练的过程中优化，寻找最优值。这样，Γ_u 就能够保证循环神经网络模型中跨度很大的依赖关系不受影响，从而消除梯度消失问题。

9.6 LSTM

除了 GRU 之外，还有另外一种更强大的结构，就是 LSTM（Long Short-Term Memory）。LSTM 称为长短期记忆模型，能有效处理循环神经网络模型中"长期依赖"的问题。LSTM 对捕捉序列中更深层次的联系要比 GRU 更加有效，因此它的结构比 GRU 更加复杂，如图 9-6 所示。

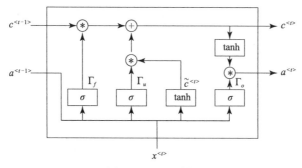

图 9-6　LSTM 结构

LSTM 有 3 个门控单元，分别是 Γ_f、Γ_u、Γ_o，取值范围均为 $[0,1]$。$x^{<t>}$ 是输入，$c^{<t-1>}$ 和 $a^{<t-1>}$ 来自上一模块的输出，$c^{<t>}$ 和 $a^{<t>}$ 是当前模块的输出，$a^{<t>}$ 是模块之间互连的记忆单元。

图 9-6 中，LSTM 结构对应的表达式如下：

$$\begin{cases} \Gamma_f = \sigma(W_f \cdot [a^{<t-1>}, x^{<t>}] + b_f) \\ \Gamma_u = \sigma(W_u \cdot [a^{<t-1>}, x^{<t>}] + b_u) \\ \Gamma_o = \sigma(W_o \cdot [a^{<t-1>}, x^{<t>}] + b_o) \\ \tilde{c}^{<t>} = \tanh(W_c \cdot [a^{<t-1>}, x^{<t-1>}] + b_c) \\ c^{<t>} = \Gamma_u * \tilde{c}^{<t>} + \Gamma_f * c^{<t-1>} \\ a^{<t>} = \Gamma_o * \tanh(c^{<t>}) \end{cases} \tag{9-5}$$

式中，Γ_f 被称为遗忘门，Γ_u 被称为更新门，Γ_o 被称为输出门。同样，根据 Γ_u 的值，能够让模型自己决定更新的程度。对需要更新的单元，Γ_u 会比较大。这几个参数会在循环神经网络模型训练过程中自适应调整记忆与更新的权重因子，以取得最佳的模型训练效果。

LSTM 是循环神经网络模型的一个优秀的变种，继承了大部分循环神经网络模型的特性，同时解决了神经网络反向传播过程中容易发生的梯度消失问题。具体到语言处理任务中，LSTM 非常适合处理与时间序列高度相关的问题，如机器翻译、对话生成、编解码等。

9.7　多种循环神经网络模型

在很多循环神经网络模型中，输入序列长度 T_x 不等于输出序列长度 T_y。一般来说，根据 T_x 与 T_y 的关系，循环神经网络模型包含以下几个类型。

1. 多对多模型：$T_x = T_y$

示例结构如图 9-7 所示。

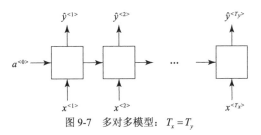

图 9-7　多对多模型：$T_x = T_y$

2. 多对多模型：$T_x \neq T_y$

示例结构如图 9-8 所示。

3. 多对一模型：$T_x > 1, T_y = 1$

示例结构如图 9-9 所示。

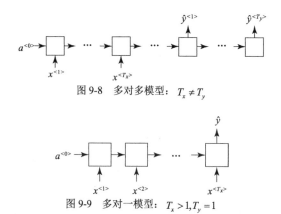

图 9-8　多对多模型：$T_x \neq T_y$

图 9-9　多对一模型：$T_x > 1, T_y = 1$

4. 一对多模型：$T_x = 1, T_y > 1$

示例结构如图 9-10 所示。

图 9-10　一对多模型：$T_x = 1, T_y > 1$

5. 一对一模型：$T_x = 1, T_y = 1$

示例结构如图 9-11 所示。

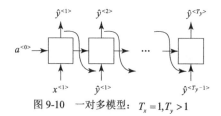

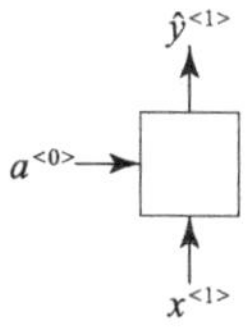

图 9-11　一对一模型：$T_x = 1, T_y = 1$

上面列举的 5 种模型都是单向循环神经网络结构，即按照从左到右的顺序，$\hat{y}^{<t>}$ 只与左边的元素有关。但是，有时候 $\hat{y}^{<t>}$ 可能也与右边的元素有关，于是就有了双向循环神经网络（Bidirectional RNN，BRNN）模型。

双向循环神经网络模型单个元素的示例结构如图 9-12 所示。

双向循环神经网络模型能够同时对序列进行双向处理，性能大大提高。缺点是计算量较大，且在处理实时语音时，需要等到完整的一句话结束时才能进行分析。

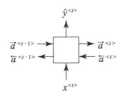

图 9-12　双向循环神经网络模型单个元素的示例结构

除了单隐藏层的循环神经网络之外，还有多隐藏层的深度循环神经网络（Deep RNN）。深度循环神经网络模型的示例结构如图 9-13 所示。

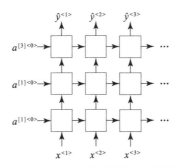

图 9-13　深度循环神经网络模型的示例结构

图 9-13 中，a 的上标[1]、[1]、[3]分别表示循环神经网络的层数。

与传统的深层神经网络结构相似，深层循环神经网络模型也具有多层的循环结构。但不同的是，传统的神经网络可能会拥有几十层甚至上百层循环结构，但是对于循环神经网络来说，由于循环神经网络存在时间维度，三层网络的结构已经足够庞大。

9.8　循环神经网络模型的 PyTorch 实现

本节将使用 PyTorch 来搭建循环神经网络模型，并对 MNIST 手写数字图片进行识别和分类。

说到这里，可能有读者会问，MNIST 数据集不是图片吗，而循环神经网络模型是处理序列信号的。为什么图片识别也能使用循环神经网络模型呢？没错，循环神经网络模型是用来处理序列信号的。其实，我们完全可以把图片看成序列信号，例如图 9-14 所示的 MNIST 数据集图片。

我们知道，MNIST 数据集中所有图片的尺寸都是 28×28。按行来看，图片的每一行都包含 28 个像素点，一共有 28 行。因此，可以把每一行的 28 个像素点当成循环神经网络模型的一个输入 $x^{<t>}$。总共有 28 行，则 $T_x = 28$。图片的分割方式如图 9-15 所示。

图 9-14　MINIST 数据表图片　　　　图 9-15　将图片分割成序列信号

　　输入已经确定了，对于输出，因为是分类问题，需要识别 0～9 数字，因此循环神经网络模型应该有 10 个输出，即 $T_y = 10$。此例中，$T_x \neq T_y$。　确定了基本结构和输入输出之后，我们开始使用 PyTorch 构建循环神经网络模型。

9.8.1　准备数据

　　首先，导入 MNIST 数据集。如何在 PyTorch 中导入 MNIST 数据集，我们在 8.8.1 节已经详细介绍过了，可以使用 torchvision 库来完成。图片的数据转换采用 torchvision.datasets 和 torch.utils.data.DataLoader 即可实现。下载并导入 MNIST 数据集的代码如下：

```python
import torch
import torchvision
import torchvision.transforms as transforms
import torch.nn as nn
import torch.nn.functional as F
import torch.optim as optim
import matplotlib.pyplot as plt
import numpy as np

transform = transforms.Compose(
    [transforms.ToTensor()])

# 训练集
trainset = torchvision.datasets.MNIST(
        root='./datasets/ch08/pytorch',     # 选择数据的根目录
        train=True,
        download=True,                       # 从网络上下载图片
        transform=transform)
trainloader = torch.utils.data.DataLoader(
        trainset,
        batch_size=4,
        shuffle=True,
        num_workers=2)
# 测试集
testset = torchvision.datasets.MNIST(
```

```
        root='./datasets/ch08/pytorch',        # 选择数据的根目录
        train=False,
        download=True,                          # 从网络上下载图片
        transform=transform)
testloader = torch.utils.data.DataLoader(
        testset,
        batch_size=4,
        shuffle=False,
        num_workers=2)
```

上述代码中，也可以设置 download=True，表示直接从网络上下载数据集。如果已经提前下载过 MNIST 数据集，这里的 download 就设置为 False，即从本地直接导入。此处设置 batch_size=4、shuffle=True 表示每次 epoch 都重新打乱训练样本，num_workers=2 表示使用两个子进程加载数据。

下面的代码展示了小批量样本集中训练样本图片以及标注正确标签的过程。

```
def imshow(img):
    npimg = img.numpy()
    plt.imshow(np.transpose(npimg, (1, 2, 0)))

# 选择一个 batch 的图片
dataiter = iter(trainloader)
images, labels = dataiter.next()

# 显示图片
imshow(torchvision.utils.make_grid(images))
plt.show()
# 打印 标签
print(' '.join('%11s' % labels[j].numpy() for j in range(4)))
```

运行结果如图 9-16 所示。

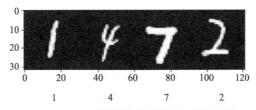

图 9-16 一个小批量样本集的图片和对应的标签

我们可以来看一下训练集和测试集的维度。

```
print(trainset.train_data.size())
print(testset.test_data.size())
```

运行结果如下：

```
torch.Size([60000, 28, 28]) torch.Size([10000, 28, 28])
```

训练集包含 60 000 张图片，测试集包含 10 000 张图片，每张图片的尺寸为 28×28×1。

9.8.2 定义循环神经网络模型

与卷积神经网络模型类似，可以使用 PyTorch 直接搭建循环神经网络模型，使用的是 LSTM 结构。首先定义循环神经网络模型的类。

```
class Net(nn.Module):
    def __init__(self):
        super(Net, self).__init__()
        self.rnn = nn.LSTM(        # 使用 LSTM 结构
            input_size = 28,       # 输入每个元素的维度，图片每行有 28 个像素点
            hidden_size = 84,      # 隐藏层神经元设置为 84 个
            num_layers=2,          # 隐藏层数目，两层
            batch_first=True,      # 是否将 batch 放在维度的第一位，(batch, time_step,
                                   # input_size)
        )
        self.out = nn.Linear(84, 10) # 输出层，包含 10 个神经元，对应 0~9 数字

    def forward(self, x):
        r_out, (h_n, h_c) = self.rnn(x, None)
        # 选择图片的最后一行作为循环神经网络模型输出
        out = self.out(r_out[:, -1, :])
        return out
```

以上代码是构建循环神经网络模型的核心部分。我们发现 PyTorch 中构建循环神经网络模型非常简单，只需简单的几行语句。下面对部分代码做重点讲解。

代码中，input_size = 28 表示每个输入元素 $x^{<t>}$ 的维度，即图片每行包含 28 个像素点。hidden_size = 84 将隐藏层神经元设置为 84 个，num_layers=2 表示有两层隐藏层。self.out = nn.Linear(84, 10)表示输出层，输出为 0~9 数字。

r_out, (h_n, h_c) = self.rnn(x, None)中，(h_n, h_c)为 LSTM 的记忆单元，r_out 为输出，每个 $x^{<t>}$ 的输出都会累加在 r_out 中。None 表示最初的隐藏层记忆单元为 0。out = self.out(r_out[:, -1, :]) 表示选择图片最后一行的结果作为输出。

接下来，我们可以建立一个 Net 对象，并查看它的循环神经网络模型的结构。

```
net = Net()
print(net)
Net(
    (rnn): LSTM(28, 84, num_layers=2, batch_first=True)
    (out): Linear(in_features=84, out_features=10, bias=True)
)
```

非常直观，可以完整、清晰地查看我们构建的循环神经网络模型的结构。

9.8.3 损失函数与梯度优化

正如之前利用 PyTorch 构建卷积神经网络模型的实战过程，我们仍使用交叉熵损失函数，梯度优化算法选择使用 Adam。

```
criterion = nn.CrossEntropyLoss()
optimizer = optim.Adam(net.parameters(), lr=0.0001)
```

这里，我们设置学习率为 0.0001。

9.8.4 训练模型

定义好模型、损失函数和梯度优化算法之后，就可以训练循环神经网络模型了。我们选择的 epoch 数目为 5，代码如下：

```
num_epoches = 5     # 设置 epoch 数目
cost = []           # 损失函数累加

for epoch in range(num_epoches):

    running_loss = 0.0
    for i, data in enumerate(trainloader, 0):
        # 输入样本和标签
        inputs, labels = data
        # 设置循环神经网络模型输入维度为 (batch, time_step, input_size)
        inputs = inputs.view(-1, 28, 28)

        # 每次训练梯度清零
        optimizer.zero_grad()

        # 正向传播、反向传播和优化过程
        outputs = net(inputs)
        loss = criterion(outputs, labels)
        loss.backward()
        optimizer.step()

        # 打印训练情况
        running_loss += loss.item()
        if i % 2000 == 1999:    # 每隔 2000 个小批量样本，打印一次
            print('[epoch: %d, mini-batch: %5d] loss: %.3f' %
                (epoch + 1, i + 1, running_loss / 2000))
            cost.append(running_loss / 2000)
            running_loss = 0.0
```

上述代码中需要注意的是，每次迭代训练时都要先把所有梯度清零，即执行 optimizer.zero_grad()。否则，梯度会累加，造成训练错误和失效。PyTorch 中的.backward()可自动完成所有梯度

计算。

训练的过程中，每隔 2000 个小批量样本，会将损失打印出来。整个训练过程中，running_loss 的变化趋势如图 9-17 所示。

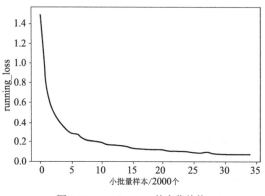

图 9-17   running_loss 的变化趋势

很明显，在训练的过程中，running_loss 是逐渐减小的，说明我们的训练是有效的。

9.8.5　测试模型

接下来就是最后一步，使用训练好的模型进行测试，验证模型的效果。

首先，验证模型在训练集上的效果，代码如下：

```
correct = 0
total = 0
with torch.no_grad():
    for data in trainloader:
        images, labels = data
        images = images.view(-1, 28, 28)
        outputs = net(images)
        _, predicted = torch.max(outputs.data, 1)
        total += labels.size(0)
        correct += (predicted == labels).sum().item()

print('Accuracy of the network on the 60000 test images: %.3f %%' %
    (100 * correct / total))
```

打印的结果如下：

```
Accuracy of the network on the 60000 test images: 97.842 %
```

然后，验证模型在测试集上的效果，代码如下：

```
correct = 0
total = 0
```

```
with torch.no_grad():
    for data in testloader:
        images, labels = data
        images = images.view(-1, 28, 28)
        outputs = net(images)
        _, predicted = torch.max(outputs.data, 1)
        total += labels.size(0)
        correct += (predicted == labels).sum().item()

print('Accuracy of the network on the 10000 test images: %.3f %%' %
    (100 * correct / total))
```

打印的结果如下：

```
Accuracy of the network on the 10000 test images: 97.430 %
```

可以看出，训练集的准确率达到 97.842%，测试集的准确率达到 97.430%。从结果来看，该循环神经网络模型的性能是相当不错的。

9.9 循环神经网络模型的 TensorFlow 实现

本节将使用 TensorFlow 来搭建循环神经网络模型，并对 MNIST 手写数字图片进行识别和分类。

9.9.1 准备数据

对于 MNIST 数据集，我们在 8.8.1 节已有所介绍，这里就不赘述了。在 TensorFlow 中下载和导入 MNIST 数据集也非常简单，代码如下：

```
from tensorflow.examples.tutorials.mnist import input_data
import tensorflow as tf

mnist = input_data.read_data_sets(
        './datasets/ch08/tensorflow/MNIST',one_hot=True)
```

很简单，只需要一行语句 input_data.read_data_sets() 就可以自动从官网上下载 MNIST 数据集，可以指定下载目录。one_hot=True 设置输出为独热编码。

9.9.2 定义循环神经网络模型

首先，在定义循环神经网络模型之前，需要初始化一些参数，代码如下：

```
batch_size = 100          # batch 的大小，相当于一次处理 100 个图片
time_step = 28            # 一个 LSTM 中，输入序列的长度 Tx，图片有 28 行
input_size = 28           # 单个 x 向量长度，图片有 28 列
lr = 0.001                # 学习率
num_units = 100           # 隐藏层多少个 LTSM 单元
iterations =1000          # 迭代训练次数
classes =10               # 输出大小，0～9 十个数字
```

其中，batch_size 表示每个 batch 的大小，这里设置成 100；time_step 表示输入序列的长度，即 T_x，这里为 28，因为图片有 28 行；input_size 表示单个输入 x 的向量长度，这里为 28，因为每行有 28 个像素；lr 表示学习率，这里设置成 0.001；num_units 表示隐藏层有多少个单元，设置为 100；iterations 表示迭代训练次数，设置为 1000；classes 表示输出类别，为 0～9 十个数字。

接下来，我们要定义 placeholder。

```
# 维度是[batch_size, time_step * input_size]
x = tf.placeholder(tf.float32, [None, time_step * input_size])
x_image = tf.reshape(x, [-1, time_step, input_size])
y = tf.placeholder(tf.int32, [None, classes])
```

输入 x 的维度是 batch_size×time_step*input_size，输入的是二维数据，将其还原为三维的 x_image，其维度为 batch_size×time_step×input_size。输出 y 的维度为 batch_size×classes。

接下来就是最重要的构建循环神经网络模型了。我们仍然使用 LSTM 结构，定义 LSTM 的程序如下：

```
rnn_cell = tf.contrib.rnn.BasicLSTMCell(num_units=num_units)
outputs,final_state = tf.nn.dynamic_rnn(
    cell=rnn_cell,              # 选择传入的 cell
    inputs=x_image,            # 传入的数据
    initial_state=None,        # 初始状态
    dtype=tf.float32,          # 数据类型
    time_major=False)
output = tf.layers.dense(inputs=outputs[:, -1, :], units=classes)
```

在上面的模型构建代码中，rnn_cell 使用的是 LSTM 结构，tf.nn.dynamic_rnn 是 TensorFlow 自带的动态循环神经网络模型，传入循环神经网络模型里的是 LSTM。这里需要注意的是，参数 time_major 设置为 False。因为这是根据 x_image 的维度来决定的。一般如果 x_image 的维度是 batch_size×time_step×input_size，则设置为 False；如果 x_image 的维度是：time_step×batch_size×input_size 则设置为 True。

output 的维度是 batch_size×time_step×input_size，保存了每个 time_step 中 cell 的输出值。由于这里是多对一的任务，只需要最后一个 step 输出 outputs[:, -1, :]即可。tf.layers.dense 表示输出经过一个全连接层，最终输出 0～9 十个数字。

9.9.3 损失函数与优化算法

损失函数使用的是交叉熵，梯度下降算法使用 Adam，学习率设置为 0.001。

```
cross_entropy = tf.losses.softmax_cross_entropy(
                                    onehot_labels=y,
                                    logits=output)
train_step = tf.train.AdamOptimizer(lr).minimize(cross_entropy)
```

还需要定义一个计算准确率的函数，代码如下：

```
correct_prediction = tf.equal(tf.argmax(y, axis=1),
                        tf.argmax(output, axis=1))
accuracy = tf.reduce_mean(tf.cast(correct_prediction,'float'))
```

9.9.4 训练并测试

定义好模型、损失函数和梯度优化算法之后，就可以训练循环神经网络模型了。

```
sess = tf.Session()
init = tf.global_variables_initializer()
sess.run(init)

for i in range(iterations):
    batch_x, batch_y = mnist.train.next_batch(batch_size)
    sess.run(train_step, feed_dict={x: batch_x, y: batch_y})
    if (i+1) % 50 == 0:
        print("train accuracy %.3f" % accuracy.eval(session = sess, feed_dict =
{x:batch_x, y:batch_y}))
    print("test accuracy %.3f" % accuracy.eval(session = sess,
        feed_dict = {x:mnist.test.images, y:mnist.test.labels}))
```

上述代码中，每训练 50 次，就将训练集的准确率显示出来，最终计算模型对整个测试集的准确率并显示。

运行代码，得到测试集的准确率为 0.963，效果不错。

后　记

深度学习涉及的范围很广，并不断涌现新的深度学习技术。本书只是介绍了深度学习必备的基础知识，例如传统的前馈神经网络、卷积神经网络、循环神经网络的基本结构。实际上，本书的很多章节，例如卷积神经网络、循环神经网络都可以独立成书，因为确实包含了很多的知识。由于篇幅的限制，很多更深层次的内容我们在本书中没有提及。

另外，深度学习包含的领域是很广的，其他更深入、更复杂的内容，包括强化学习、GAN模型、自动驾驶等，本书也没有介绍，感兴趣的读者可以查阅相关书籍或者文献。

不过，读者大可放心，本书介绍的内容是基础的，也是核心的。通过本书的学习，读者一定能够比较顺利地入门深度学习。

最后，本书的源代码全部开源，读者可以从 GitHub 上获取，网址是 https://github.com/RedstoneWill/dl-from-scratch。

参考文献

[1] 周志华.机器学习[M]. 北京：清华大学出版社，2016.

[2] Wes McKinney.Python for Data Analysis. O'Reilly Media.

[3] Vishnu Subramanian. Deep Learning with PyTorch.

[4] Aurélien Géron.Hands-On Machine Learning with Scikit-Learn and TensorFlow. O'Reilly Media.

[5] Andrej Karpathy's blog .Hacker's guide to Neural Networks.

[6] Andrew Ng. Deep Learning Specialization. Coursera, video lectures, 2017.

[7] Y. Bengio, I. Goodfellow, A. Courville. Deep Learning. Book in preparation for MIT Press, 2015.

[8] N. Srivastava, G. Hinton, A. Krizhevsky, I. Sutskever, R. Salakhutdinov. Dropout: A simple way to prevent neural networks from overfitting. The Journal of Machine Learning Research, 2014：1929-1958.

[9] John Duchi, Elad Hazan, Yoram Singer.Adaptive Subgradient Methods for Online Learning and Stochastic Optimization. Journal of Machine Learning Research 12, 2011：2121-2159.

[10] Tieleman T., Hinton G. Lecture 6.5—RMSProp: Divide the gradient by a running average of its recent magnitude. COURSERA: Neural Networks for Machine Learning，2012.

[11] Sergey Ioffe，Christian Szegedy.Batch Normalization: Accelerating Deep Network Training by Reducing Internal Covariate Shift. arXiv:1502.03167 [cs],2015.

[12] James Bergstra，Yoshua Bengio.Random Search for HyperParameter Optimization. Journal of Machine Learning Research 13, 2012：281-305.

[13] Kaiming He, Xiangyu Zhang, Shaoqing Ren, Jian Sun.Delving Deep into Rectifiers: Surpassing Human-Level Performance on ImageNet Classification，2015：1026-1034.

[14] Hinton. Neural networks for machine learning. Coursera, video lectures, 2012.

[15] Xavier Glorot，Yoshua Bengio.Understanding the difficulty of training deep feedforward

neural networks. In Proceedings of the International Conference on Artificial Intelligence and Statistics (AISTATS2010). Society for Artificial Intelligence and Statistics，2010.

[16] CS231n: Convolutional Neural Networks for Visual Recognition.

[17] Zeiler M. D.，Fergus R..Visualizing and understanding convolutional networks. CoRR, abs/1311.2901, 2013. Published in Proc. ECCV, 2014.

[18] Alex Krizhevsky, Ilya Sutskever, Geoffrey E. Hinton.ImageNet Classification with Deep Convolutional Neural Networks. In F. Pereira, C. J. C. Burges, L. Bottou, & K. Q. Weinberger, eds. Advances in Neural Information Processing Systems 25. Curran Associates, Inc., 2012：1097 -1105.

[19] Karen Simonyan，Andrew Zisserman.Very Deep Convolutional Networks for Large-Scale Image Recognition. arXiv:1409.1556 [cs]，2014.

[20] Christian Szegedy et al. Going Deeper With Convolutions. In The IEEE Conference on Computer Vision and Pattern Recognition (CVPR)，2015.

[21] Bengio, Y., Simard, P., Frasconi, P. Learning long-term dependencies with gradient descent is difficult. IEEE Transactions on Neural Networks, 5(2)，1994：157-166.

[22] https://www.liaoxuefeng.com/wiki/1016959663602400.

[23] https://pytorch-cn.readthedocs.io/zh/latest/.

[24] https://ptorch.com/docs/3/deep_learning_60min_blitz.

[25] https://tensorflow.google.cn/.

[26] http://www.tensorfly.cn/.

[27] http://neuralnetworksanddeeplearning.com/.